# 海参行业清洁生产评价研究与应用实践

侯昊晨　张　芸　刘　鹰　任安琪　著

中国农业出版社
北　京

海参属于棘皮动物门海参纲，目前已发现的海参种类约有1 200种。其中，仿刺参（*Apostichopus japonicus*，以下称"海参"）是我国最主要的海参养殖品种之一，集中分布在辽宁、山东、河北等北方沿海地区。目前我国海参养殖产量占全球90%以上，已成为我国海水养殖业中重要的支柱产业之一。但行业快速发展背后，传统生产模式的弊端日益显现，如育苗阶段依赖高能耗的室内升温技术，养殖环节面临水质污染与病害风险，加工过程存在资源浪费，供应链上下游缺乏环境绩效协同管理等。

清洁生产作为一种从源头削减污染、提高资源利用效率的先进理念，为海参行业破解可持续发展困局提供了科学路径。国家发展和改革委员会等部门印发的《"十四五"全国清洁生产推行方案》要求加快推进农业清洁生产，提升农业生产过程清洁化水平。本书将清洁生产的实施领域由企业上升至供应链层面，通过生命周期评价量化环境影响、构建清洁生产评价指标体系、优化产业供应链网络，构建覆盖"苗种培育-养殖-加工-流通"的全生命周期清洁生产管理模式，并融合环境科学、水产养殖学、供应链管理理论，形成"评估-评价-优化"的技术体系。

本书撰写过程中，多位专家及同学参与了工作：大连理工大学张芸教授参与编写，并提供研究思路及技术方法支持；浙江大学刘鹰教授参与审核工作；河南大学任安琪、大连海洋大学韩丰繁参与了书稿撰写及统稿的相关工作。

本书研究成果可为政府部门制定水产行业环保政策、企业开展清洁生产改造、供应链上下游协同管理提供理论依据与技术支撑。本书适读人群广泛，涵盖水产行业管理人员、科研与技术人员、海参产业链从业者、高等院校相关专业师生以及关注海洋经济可持续发展的社会各界人士。

由于作者水平有限，加之时间仓促，书中难免有错漏之处，敬请广大读者指正。

著　者

2025 年 5 月

CONTENTS 目 录

# 1

# 绪　　论

# 1.1 研究背景和意义

## 1.1.1 我国海参行业生产现状

海参属于棘皮动物门,海参纲,海参属,全世界海参种类约有 1 200 种,广泛分布于全球各大洋的潮间带至深水区域,多数附着在礁石、泥沙及海藻富集的区域底栖生活[1,2]。由于海参中具有海参皂苷和海参多糖等对人体健康十分有益的活性物质[3-5],越来越多的消费者开始购买海参及其精深加工产品,使海参产品的需求量逐年增加,同时刺激了海参捕捞业的发展,引发了全球性的海参过度捕捞问题[6,7],导致了海参自然资源日益枯竭。为了解决海参市场需求与自然资源的矛盾,我国海参人工养殖业应运而生。根据联合国粮食及农业组织(FAO)FishStatJ 数据库[8]的统计,2022 年,中国海参养殖产量达 248 508 t,占世界总产量的 90%以上[9,10],我国已成为世界上最大的海参生产国和消费国,同时也形成了以我国为主的亚太地区海参贸易和消费市场。

我国分别从 20 世纪 70 年代初期和 80 年代中期开始进行海参人工育苗和人工养殖的研究[11],并逐步形成了一套较为可行的海参育苗和养殖技术操作规范。2000 年以后,随着海参行业逐步实现规模化发展,海参养殖在北方沿海地区受到前所未有的重视,兴起了我国继鱼、虾、贝、藻之后的第五次海水养殖浪潮。我国海参养殖产量及海参海水养殖面积均呈现逐年增加的趋势,海参养殖产量从 2013 年的 193 705 t 增长到 2022 年的 248 508 t;养殖面积从 2013 年的 214 945 hm² 增长到 2022 年的 250 356 hm²[9,12-21],如图 1.1 所示。

目前,海参养殖业已在我国北方沿海地区迅猛发展,成为这些地区的渔业支柱产业,其中主产区以辽宁、福建和山东为代表。据统计,2022年三省的海参养殖产量之和约占全国总产量的 93%[9]。虽然以福建省为代表的南方海参养殖依托温差的优势,养殖产量逐年增加,但与北方海参主产区相比仍然有较大的差距[22]。2022 年我国海参养殖主要省份产量占比如图 1.2 所示。

大连市地处辽东半岛南端,位于北纬 38°43′—40°12′,东经 120°58′—

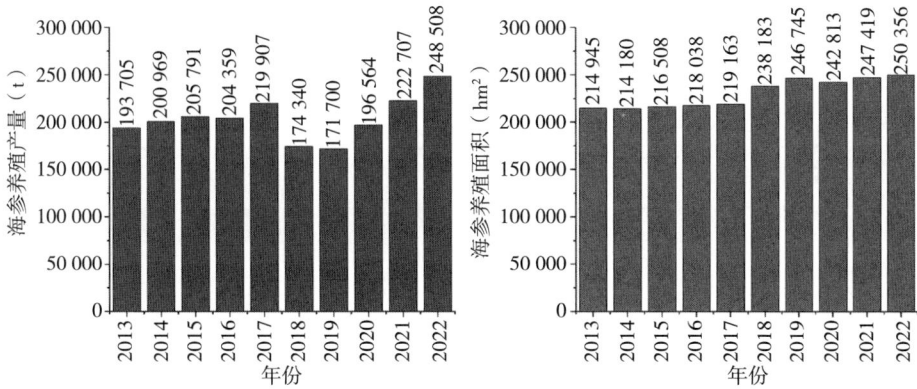

图 1.1 2013—2022 年我国海参（a）养殖产量与（b）养殖面积

123°31′，作为我国北方重要的沿海城市，大连市具有独特的地理环境和优质的海洋资源，渔业资源十分丰富，为海参的生长繁育提供了理想的港湾，是我国北方重要的海参生产基地和出口中心，2005 年"大连海参"成为国家质检总局批准的中国国家地理标志保护产品，海参行业已成为大连市海洋渔业经济优势最突出、品牌影响力最大的支柱行业之一。

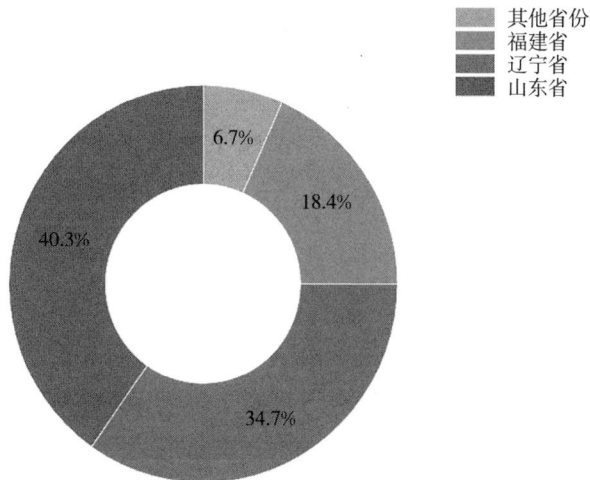

图 1.2 2022 年我国海参养殖主要省份产量占比

## 1.1.2 海参行业生产流程分析

我国海参生物学的研究基础较好，人工育苗和养殖技术也逐渐完善，目前海参行业已形成从苗种培育、养殖、加工、仓储、运输到销售的完整供应链体系，是一二三产业深度融合的典型代表，如图1.3所示，其中最为主要的生产阶段为海参苗种培育、养殖和加工。

| 苗种培育 | 养殖 | 加工 | 仓储 | 运输 | 销售 |

图1.3 海参行业供应链体系

（1）海参育苗阶段

育苗阶段是海参养殖过程中最为重要的环节之一，优质的海参苗种也是保证海参养殖实现可持续发展的重要条件。随着海参育苗技术的不断发展与进步，目前我国海参人工育苗业已进入集约化育苗阶段，育苗工艺日趋成熟，典型的海参人工育苗技术流程如图1.4所示。

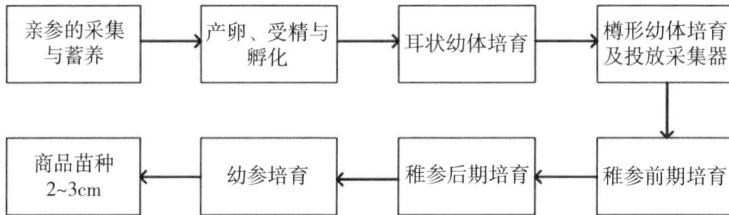

图1.4 海参人工育苗技术流程图[23]

随着集约化人工育苗的发展，在室内育苗阶段的苗种室内升温越冬期间，需要消耗大量能源保持育苗水体温度，密集的育苗密度也势必带来日趋严重的病害问题。传统的解决办法是使用抗生素杀菌消毒，目前的研究[24]表明，通过抽取远离岸边并随潮汐充分交换的海水能够有效改善养殖海水水质；使用基于海水过滤除菌系统的海参生态控制技术也可以改善海参育苗阶段病害的发生并减少抗生素的用量；通过使用微生态制剂参与海参体内的代谢系统，刺激其免疫功能，也可以达到防病的功效[25]。我国科研工作者也开展了众多抗生素降解方法与技术的研究，如凌威等[26]开展了利用臭氧去除水产品养殖尾水中氟苯尼考的研究，结果表明养殖尾水的生物毒性得到有效下降，氟苯尼考最终可转化为二氧化碳和水。上述研究均为抗生素的替代、减量和降低对环境的影响提供了有效的控制管理和技术措施。

我国海参育苗研究提出了一种生态育苗技术，称为自然海区网箱育苗技术[27,28]。此技术是在自然海域条件下，利用海上网箱培育海参苗种。通过该技术培育的海参苗种具有无药残、体质壮，进入海区后成活率较高的特点，目前已逐步在我国北方地区进行技术示范和推广，并有望成为未来替代传统人工育苗技术的生态健康育苗技术之一。

（2）海参养殖阶段

海参育苗技术的不断成熟，极大地促进了我国海参人工养殖的发展。在20世纪80年代中期，海参人工养殖在我国逐渐兴起，通过不断地探索，我国海参人工养殖技术也逐渐向多样化发展，包括池塘养殖、沉笼养殖、工厂化控温养殖及底播增殖等[11]，其中应用最为广泛的是池塘养殖技术和底播增殖技术。

池塘养殖技术是目前山东、辽宁等地区主要的海参养殖方式[29]，池塘依靠自然的滩涂条件，以水泥、石块等筑坝围池，养殖海水通过自然纳潮和动力取水等方式进行水体交换。但池塘养殖技术的发展也伴随诸多问题，主要体现在养殖池建造不规范，饲料缺乏影响成活率，水循环量少导致池底污染严重、疾病频发，化学品大量使用及管理模式不健全等问题。为了改进这些问题，相关科研工作者也提出了诸多应对措施，包括规范管理技术、合理设计人工参礁、农药化学品生态毒理防控[31-33]、清除敌害促进生长以及加强病害防治等[34]。

底播增殖被认为是增加海参资源及提高海参养殖产量的生态养殖技术，该技术由于整个过程全部实现了自然生态养殖模式，养殖的鲜活海参具有品质优良、安全健康的特点，对于促进海参生态健康养殖的发展具有十分重要的意义[35]。目前该技术已在我国北方地区广泛推广，众多海参养殖企业纷纷采用这种生态养殖技术，使底播增殖的海参产量逐年增加，区域海域的海参资源也得到了一定的修复。

（3）海参加工阶段

与其他水产品不同，当海参受到强烈刺激时会出现排脏现象，离开海水时间过久时其体壁亦会发生自溶，因此鲜活海参采捕后应立即进行加工处理。早期的加工方式以人工简易加工为主，海参加工的操作过程也比较简单，主要包括制取皮参、蒸煮和晾晒。这种简易的加工方式主要通过人工进行，加工过程中存在处理能力低、加工环境不卫生等问题。由于海参养殖产量的不断增加，对海参加工企业生产能力和食品安全水平的要求也逐渐提高，2000年以后随着我国一批大型海参加工企业的成立，海参加工已从传统的简易加工向工厂化加工转变，先进设备的引入和先进技术的应用也标志着海参加工已正式进入工厂集约化加工阶段[36]。

### 1.1.3  海参行业资源环境问题分析

虽然我国海参行业正处于快速发展的阶段，但一些发展中所存在的资源环境问题也逐渐显现，可以总结为以下三个方面：

（1）资源能源消耗问题

由于我国海参养殖生产规模和集约化水平不断提高，随之而来的资源能源消耗也已成为整个行业所面临的重要问题。集约化养殖是在陆基工厂中模拟水域环境，特别是在苗种室内升温越冬期间，为了保持适宜海参生长的水温和水体的含氧量，需要使用大量电力、化石能源和新鲜海水保证海参的成活率及顺利越冬，较长的海参人工育苗和养殖周期更增加了资源能源的消耗量。

（2）废弃物排放问题

海参养殖的废弃物主要包括固体废弃物和养殖尾水，固体废弃物通常由粪便或未食用的饲料构成。这些颗粒状的固体废弃物在养殖水体中大量堆积，在分解时会造成氧气耗竭和生态毒性，对养殖的海参造成巨大危害[37]。此外，未经处理的养殖废水包含氮、磷和农药残留等，排放到水域中会引起水体的富营养化和海洋生态毒性，不仅导致近岸水域中藻类大量繁殖，同时也对人类健康和环境造成影响。在海参加工阶段存在的问题主要集中在废弃物资源利用方面，蒸煮过程中产生的海参水煮液大多被直接排放到城市污水处理厂，研究表明[38-40]海参水煮液中含有大量对人体有益的物质，分选过程的筛下物如海参内脏也可以制作成食品和保健品，但目前仅有少数大型企业具备了制造以海参内脏为原料的海参制品的能力，大部分加工企业仍然将其作为废弃物进行处置。

（3）缺乏基于环境绩效的合作伙伴筛选和协调机制

通过对海参生产企业的调查与走访发现，海参养殖和加工企业选择供应商主要考虑的是海参产品质量和产品价格，目前海参行业没有一个基于企业实际环境、经济和生产绩效的标准化供应商筛选体系，企业选择绿色供应商也没有可靠的评价依据，导致海参生产企业间的合作均呈现碎片化和零散化的关系。大多数海参生产企业对长期稳定的合作伙伴关系重要性的认知十分有限，企业管理者也并未将之纳入企业经营管理体系中。这种短期合作行为意味着企业在每个海参生产周期内都可能更换合作伙伴，由于协同关系中信息互通的缺失，使一些海参育苗、养殖企业由于没有固定的销售渠道出现产品滞销问题。海参属于易腐水产品，需要冷冻保存，因此滞销问题也直接导致由冷冻所造成的能源消耗及生产成本增加。短期行为同时加剧了企业间的竞争，为了提高经济效益，降低企业生产成本和风险，企业只能通过提高化学品的使用量保证海参产品成活率，忽视了药物使用所造成的环境影响，现阶段海参行业供应链中企业合作的模式并不利于整个行业实现绿色健康发展的目的，凸显了企业经济效益与环境污染的矛盾。

此外，海参育苗阶段抗菌药物和农药的使用也是目前学术界和社会十分关注的热点问题。Zhu 等[41]采集了我国大连、烟台、北海和海口当地市场的海参样本，并采用超高效液相色谱-串联质谱法分析样品中抗菌药物分布特征及残留浓度，结果表明磺胺类药物是最主要的抗菌药物，平均浓度为 11.5 $\mu g/kg$（干重），其次是大环内酯类药物 11.3 $\mu g/kg$（干重）和氟喹诺酮类药物 11.2 $\mu g/kg$（干重）；通过危险商的计算表明，摄入微量抗菌药物污染的海参不会对人类健康构成重大威胁[42]。由于养殖产地、海水水质及生产规模的不同，抗菌药物的使用情况存在较大差异，数据难于获取。针对这一问题，现阶段有效的管理措施是政府部门通过加强海参育苗阶段抗菌药物使用管理，对养殖户普及抗菌药物使用知识，严格限制和掌控抗菌药物的安全限量和用药原则，建立海参生产化学品投入管理体系，消除抗菌药物滥用的情况。农药类化学品能够有效降低浮游生物和藻类对海参苗种的危害，与抗菌药物相一致，科学合理使用农药也是海参养殖阶段的关键。因此，政府部门同样要加强农药类化学品投入的管理，将农药的安全限量和用药原则加入化学品投入的管理体系中。

## 1.2　清洁生产研究进展

在现有的环境管理体系中，清洁生产理念的基础是通过专门技术的应用、工艺技术的改进及管理态度的转变来实现，是目前促进产业可持续发展最为行之有效的理论体系之一[43]。这种旨在实现经济、社会和生态环境协调发展的新生产模式和环保策略一经提出，便迅速得到了国际社会的积极倡导。

### 1.2.1　清洁生产相关管理政策

清洁生产最早源于 20 世纪 60 年代美国化工行业的污染预防审计。联合国环境规划署（UNEP）在 1989 年正式提出了清洁生产这一概念，是对生产全过程污染控制的预防模式[44,45]。我国在 2002 年制定了《中华人民共和国清洁生产促进法》[46]，法案中对其定义是："清洁生产是指不断采取改进设计、使用清洁的能源和原料、采用先进的工艺技术与设备、改善管理、综合利用等措施，从源头削减污染，提高资源利用效率，减少或者避免生产、服务和产品使用过程中污染物的产生和排放，以减轻或者消除对人类健康和环境的危害。"随着清洁生产研究的不断完善和应用的不断深入，其适用性已延伸到产品和服务活动中，逐渐向产品和服务的全生命周期发展[47]，清洁生产定义的产生过程如表 1.1 所示。

表 1.1　清洁生产定义产生过程[47]

| 年份 | 机构 | 文件/事件 |
| --- | --- | --- |
| 1989 | 联合国环境规划署 | 《清洁生产计划》 |
| 1992 | 联合国环境与发展大会 | 《21 世纪议程》 |
| 1996 | 联合国环境规划署 | 总结各国开展污染预防活动 |
| 1998 | 第五次国际清洁生产研讨会 | 《国际清洁生产宣言》 |
| 2002 | 第九届全国人大常务委员会 | 《中华人民共和国清洁生产促进法》 |

清洁生产一方面提倡生产企业以工艺改造、设备革新及废弃物资源化

利用等方式达到"节能、降耗、减污、增效"的目标，提高企业综合效益；另一方面通过提高企业清洁生产管理水平，实现生产全过程控制的清洁生产目的。清洁生产全过程控制主要分为两个层次：在微观层次中进行物质转换的产品生产生命周期全过程控制，控制的内容有原料开采、产品处理、加工过程及包装销售等环节；在宏观层次上组织生产的全过程控制，包括规划设计、组织、实施等环节，两个全过程控制的生产过程生命周期十字架如图1.5所示[48]。

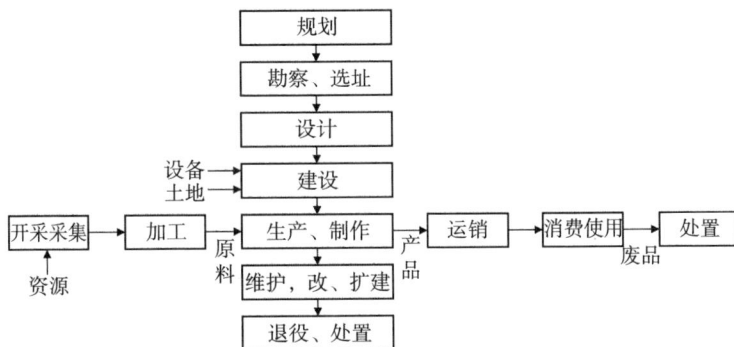

图 1.5　生产过程生命周期十字架[48]

经过多年的发展，清洁生产已在各个国家和地区普遍实施，众多发达国家先后推出了清洁生产的法律法规及工作计划，以此形成完整的清洁生产管理制度[49]。发展中国家的清洁生产工作也在不断推进中[50-53]，我国是世界上最大的发展中国家，也是实施清洁生产最具挑战性的国家之一。在推动清洁生产的工作中我国做出了巨大努力，制定了大量关于清洁生产的法律法规[54]，建成了国家清洁生产指导中心，培养了大量的清洁生产专家[55]。经过多年的清洁生产实践，我国成为全球推广清洁生产最重要和最成功的发展中国家之一[56]。

许多科研人员研究了中国的清洁生产政策，如Geng等[57]研究了中国辽宁省的清洁生产政策，指出清洁生产的实施可能仍然存在相关法规执行不力的问题；Zhang等[58]在中国常熟进行了一项实证研究，研究结果能够帮助政策制定者更好地理解企业推动清洁生产意愿的驱动因素；Ren[59]通过行业和环境监管部门的角度，总结了我国制浆造纸行业清洁生产项目实施的成果，并强调了促进清洁生产的内外部机制的重要性；Luken

等[60]解释了清洁生产法规对我国清洁生产的影响，并将这些政策分为四个部分，包括强制性政策、审计政策、激励政策和惩罚政策；在全面和系统地分析了中国所有主要的清洁生产政策后，Peng 等[61]认为对我国政府部门和企业管理者而言，不断回顾和评估清洁生产实施过程中取得的进展非常重要。

## 1.2.2 清洁生产研究进展与应用现状

在工业领域，清洁生产已经成为一种环保理念得到了广泛接受，众多学者从理论研究的角度认为，清洁生产是降低工业环境污染[62,63]、提高资源利用效率、促进工业产业可持续发展[64,65]最为重要的手段和技术方法。针对工业企业的经济效益，清洁生产还可以帮助企业降低生产成本[66]，提高生产灵活性和动态能力，从而提高企业的竞争优势[67,68]。此外，通过有效利用自然资源，清洁生产可以最大限度地降低工业生产对人类安全和健康造成的风险[69]。我国工业清洁生产的应用研究十分广泛，基本覆盖了所有工业生产领域，如我国重点行业中钢铁、纺织印染、水泥、化工等众多领域[70-74]均开展了清洁生产的研究，而研究的内容也从最初的以清洁生产理念进行环保工艺技术的创新逐渐向清洁生产全过程控制[75]、废弃物资源化处置利用及整个产业系统[76]的清洁生产转变。

农业清洁生产与工业清洁生产相比，两者的目标是一致的，都是以节能、降耗、减污、增效为目标，以技术和管理为手段减少和消除产品生产对人类健康和生态环境造成的影响。与工业清洁生产不同，农业清洁生产需要更加注重产地的清洁程度，这直接关系到农产品是否会对人类健康产生危害[77]。我国农业清洁生产虽然起步较晚，但已经成为消除农业面源污染，建立绿色生态农业的重要技术手段和管理理念。针对农业清洁生产政策研究，罗良国等[78]对国外农业清洁生产政策法规进行了综述，探讨了美国、欧洲及亚洲发达国家农业领域清洁生产的发展趋势；我国研究人员也在农业清洁生产的评价体系及补偿机制方面开展了相关研究[79,80]，推进了我国农业清洁生产的发展进程。其中，刘岑薇[81]从种植业和畜牧业两方面阐述了中国农业清洁生产的发展现状，指出中国农业清洁生产存在的问题并提出了我国实施农业清洁生产的对策；其他研究[82-84]以省域农业产业为侧重点探讨了农业清洁生产的技术与管理模式，提出了更为切实有效的实施区域农业清洁生产的评价和管理体系。此外，农业清洁生产技术的应用研究也十分广泛[85]，例如 Kholif 等[86]研究了一种使农业废弃物成为清洁和可持续性生物制品的厌氧处理技术，该技术可以取代传统的焚烧处理方式成为一种全新的农业废弃物处置清洁生产技术；Chowdhury 和 Moore[87]提出了一种适应孟加拉国气候变化和促进可持续发展的浮筏培育农业清洁生产技术。

虽然农业清洁生产已被更多的研究者关注，但大多数研究均是以种植业和畜牧业为代表，针对水产行业的清洁生产研究相对较少；世界上其他国家水产行业的侧重点是加工业而非水产养殖[88-90]，因此国外水产养殖领域清洁生产的研究寥寥无几。我国虽然水产养殖产量居世界第一，但水产行业的清洁生产仍然鲜少被提及，企业也并未给予足够的重视，笔者在对部分海参养殖及加工企业的调研中发现，几乎所有的企业管理者都未曾接触过清洁生产这一理念。我国水产行业应当开展清洁生产的观点最早是在 2003 年被提出的，赵安芳[91]等认为水产养殖会对水环境造成一定的污染，提出清洁生产技术能够降低水产养殖环境污染，同时能够提供绿色健康的水产品，保证水产养殖行业的绿色健康发展。2004 年刘长发等[92]以陆上工厂化水产养殖为例，讨论了水产养殖行业实施清洁生产的内涵与相关技术，并提出了可用于陆上工厂化养殖的主要清洁生产技术，但后续的研究大多针对的是水产养殖环境影响末端治理。

2014 年，广西出台了国内首部水产养殖清洁生产标准《海水池塘养殖清洁生产要求》[93]，再次将水产养殖清洁生产引入大众的视线中。虽然近年水产行业清洁生产研究逐渐增加[94]，但与重点工业行业及主要农业产业相比而言，仍然存在较大的差距。2019 年，《关于加快推进水产养殖业绿色发展的若干意见》[95]及《淡水养殖行业清洁生产评价指标体系（征求意见稿）》[96]的发布，标志着我国政府已开始系统性地重视水产行业的清洁生产。

# 1.3　清洁生产技术研究进展

## 1.3.1　生命周期评价技术

生命周期评价（Life cycle assessment，LCA）是识别企业生产过程生命周期环境影响关键因素最为有效的工具之一[97]，被广泛应用于不同行业不同工艺技术的生命周期环境影响量化对比分析的研究中，国内外研究成果众多，其中不乏高被引的科研文献[98-100]。这些研究均表明 LCA 在二选一或多选一的产业技术应用的决策问题中发挥着重要作用。LCA 的研究最早开始于 1969 年，为了识别不同产品包装对环境的影响情况，美国可口可乐公司委托美国中西部研究所对其饮料容器从原材料开采到最终处置的全过程进行了跟踪与定量分析[101,102]。国际标准化组织（ISO）对 LCA 进行了简练的概述："一种评价与产品（包括产品、服务或活动等）相关的环境负荷和潜在影响的技术。"国际标准 ISO 14040[103] 和 ISO 14044[104] 对 LCA 的原则、内容、定义及技术框架进行了详细的定义与说明，我国政府部门也十分重视 LCA 方法，并根据国际标准制定了 GB/T 24040[105] 和 GB/T 24044[106] 两套国家推荐标准，以此来规范和完善 LCA 在我国的应用。LCA 的主要步骤包括四个阶段，如图 1.6 所示。

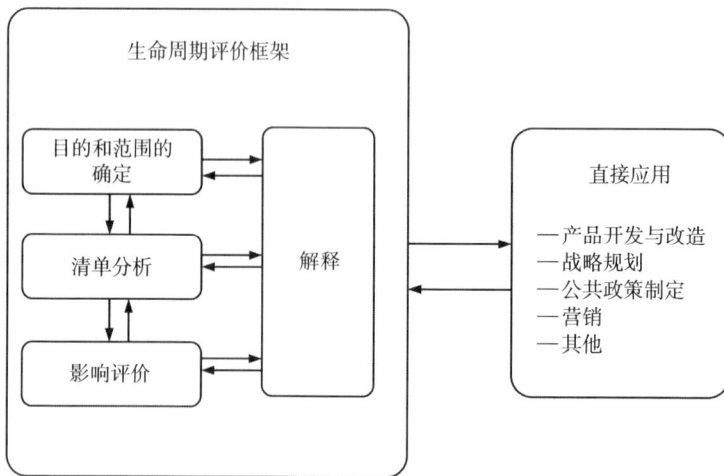

图 1.6　生命周期评价的四个阶段[105]

通过以"Life Cycle Assessment"为主题在 Web of Science 数据库中进行检索，2014—2023 年已发表的文献数量为 48 431 篇，涵盖了环境科学、社会科学、生态学等多个研究领域，研究文献的数量也呈逐年增加的趋势，如图 1.7 所示，2023 年的文献数量达到 6 599 篇，是 2014 年的 2.4 倍。

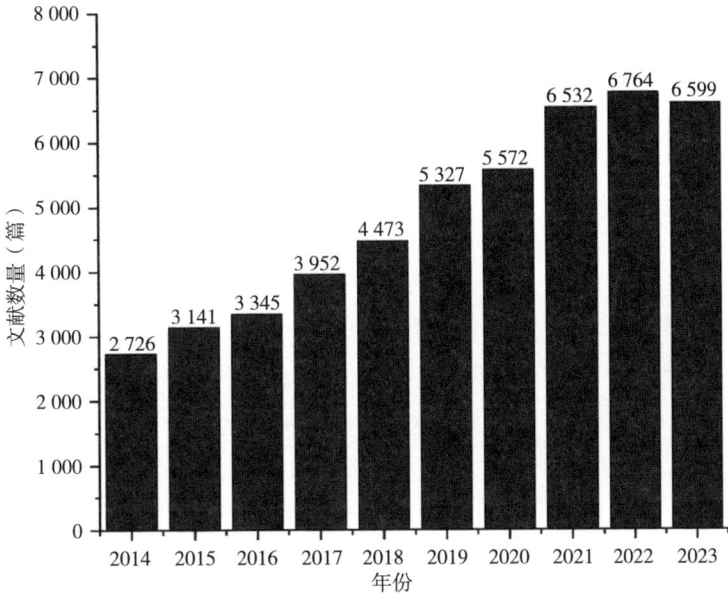

图 1.7　2014—2023 年生命周期评价研究文献数量统计

经过多年的发展，LCA 已经广泛应用于各个行业和多个领域，评价和分析产品或服务的环境影响，并为企业和政府部门的运营政策和决策提供支持。随着研究的不断深入，LCA 更是作为一种评价工具逐渐与其他研究领域和方法相结合，形成了以生命周期理论为基础的多种方法学的创新应用模式，以此来解决更为复杂的系统问题，例如以生命周期思想开展的碳足迹[107,108]、水足迹[109,110]的研究；通过生命周期视角开展生态设计的研究[111]以及以 LCA 结果作为优化条件开展的多目标决策研究[112]。

在水产行业中，LCA 被广泛应用于不同种类水产养殖系统的生命周期环境影响识别与评估的研究，包括肉食性有鳍鱼[113]、鲑[114]、虹鳟[115]、鲤[116]及石斑鱼等[117]，均得出了饲料制造和资源能源消耗是主要环境影响因素的结论。此外，Fréon 等[118]对秘鲁三种不同品质的鱼粉加工过程开展了生命周期环境影响评价的研究，为水产品加工过程 LCA 的研究提供了借鉴与参考。目前海参产品生产过程 LCA 研究相对较少，Wang 等[119]运用 LCA 对青岛市三种陆基海参养殖系统进行了评价与分析，并得出海参养殖池塘粗养具有环境绩效最优的结论。通过广泛的文献检索，目前并未发现针对海参育苗和加工阶段生产过程 LCA 的研究，而随着海参人工育苗、养殖生态技术的不断发展，针对生态技术与传统工艺的生命周期环境影响对比也成为目前迫切需要开展的研究内容。

## 1.3.2 清洁生产评价指标体系

世界各国均建立了由定性指标和定量指标所组成的清洁生产评价指标体系，以此评价本国企业的清洁生产水平。国外常用的清洁生产评价指标包括生态指标、气候变化指标、环境绩效指标、环境负荷因子、废弃物产生率及减废情况交易所，如表 1.2 所示[120]。

**表 1.2 国外常用的清洁生产评价指标[120]**

| 指标名称 | 内容简述 | 备注 |
| --- | --- | --- |
| 生态指标 | 从生态周期评价的观点出发，将所排放的污染物质对环境的影响进行量化评价，并建立量化的生态指标，共建立了 100 个指标 | 由荷兰开发应用 |
| 气候变化指标 | 污染物的排放量，所选择的包括 $CO_2$、$CH_4$、$N_2O$ 的排放量以及氟氯烃（CRCs）、哈龙（Halons）的使用量，把以上均转换为 $CO_2$ 的排放量，逐年记录以评价对气候变化的影响 | 由荷兰开发应用 |
| 环境绩效指标 | 针对铝冶炼业、油气勘探与制造业、石油精炼、石化、造纸等行业，开发能源指标、空气排放指标、废水排放指标、废弃物指标以及意外事故指标 | 挪威和荷兰环保局委托 European Green Table 开发 |
| 环境负荷因子 | 环境负荷因子＝废弃物质量/产品质量 | 英国 ICI 公司开发 |
| 废弃物产生率 | 废弃物产生率＝废弃物质量/产出质量 | 美国 3M 公司 |
| 减废情况交易所 | 比较使用清洁生产工艺前后的废弃物产生量、原材料消耗量、用水量以及能源消耗量，来判断该工艺是否属于清洁生产 | 美国环保局 |

我国清洁生产评价指标是国家、地区、部门和企业根据一定的科学、技术、经济条件在一定时期内规定的清洁生产所必须达到的具体的目标和水平，主要包括生产工艺及装备指标、资源能源消耗指标、资源综合利用

指标、污染物产生指标、产品特征指标及清洁生产管理指标。我国建立的清洁生产评价指标体系是由一系列相互关联、相对独立、相互补充的清洁生产评价指标组成的指标集，用于评价企业清洁生产水平[121]。以科学完整的清洁生产评价指标体系为基础评价企业清洁生产水平是十分必要的，该体系可以为企业或组织正确选择符合可持续发展要求的清洁生产技术提供有益的指导。

我国政府十分重视清洁生产行业标准和评价指标体系编制的工作，自2005年以来，国家环境保护总局陆续发布了一系列工业行业的清洁生产行业标准，以此指导和推动企业依法依规实施清洁生产。2013年，为了更好推进清洁生产工作，我国国家发展和改革委员会、环境保护部及工业和信息化部整合修编已经发布的清洁生产行业标准并编制清洁生产评价指标体系，于2013年6月5日发布了《清洁生产评价指标体系编制通则（试行稿）》[122]。笔者对国家发展和改革委员会政府网站所发布的清洁生产评价指标体系进行了整理和归纳，截止到2019年8月1日，我国共正式发布了38套清洁生产评价指标体系，内容涉及钢铁、水泥、电镀、生物制药等多个行业，见表1.3。

**表1.3　我国清洁生产评价指标体系统计**

| 发布日期 | 指标体系涉及行业 |
| --- | --- |
| 2014.04.01 | 钢铁行业、水泥行业 |
| 2015.04.15 | 电力行业（燃煤发电企业）、稀土冶炼行业、制浆造纸行业 |
| 2015.10.28 | 电镀行业、黄磷工业、平板玻璃行业、铅锌采选业、生物药品制造业（血液制品） |
| 2015.12.31 | 电池行业、镍钴行业、锑行业、再生铅行业 |
| 2016.11.01 | 电解锰行业、光伏电池行业、合成革行业、黄金行业、涂装行业 |
| 2017.09.01 | 1,4-丁二醇行业、环氧树脂行业、活性染料行业、有机硅行业、制革行业 |
| 2018.12.29 | 电子器件（半导体芯片）、制造业钢铁行业（钢延压加工）、钢铁行业（高炉炼铁）、钢铁行业（炼钢）、钢铁行业（烧结、球团）、钢铁行业（铁合金）、合成纤维制造业（氨纶）、合成纤维制造业（锦纶6）、合成纤维制造业（聚酯涤纶）、合成纤维制造业（维纶）、合成纤维制造业（再生涤纶）、印刷业、再生铜行业、再生纤维素纤维制造业（黏胶法） |

相关科研工作者也针对我国其他行业做了大量清洁生产评价指标体系

构建的研究[123-126]，目前也有多套清洁生产评价指标体系正处于征求意见的阶段，其中就包括《淡水养殖行业清洁生产评价指标体系（征求意见稿）》[96]，可见我国政府部门已十分重视水产行业的清洁生产评价指标体系的编制工作，但目前学术研究和政府部门均未构建基于海参生产全过程控制管理的海参行业清洁生产评价指标体系。

### 1.3.3　绿色供应链管理研究进展

绿色供应链的概念最初是由美国密歇根州立大学制造研究协会于1996年提出的[127,128]，其目标更加注重环境绩效在供应链中的作用，通过企业内部与上下游合作企业间在绿色设计、绿色制造、绿色生产、绿色消费等多个方面的内容构建绿色供应链，解决供应链中所存在的环境问题，达到环境绩效与经济绩效的最佳平衡。

传统供应链管理是以核心企业达到最低成本为目标，管理对象主要是信息流、物流与资金流，其主要内容包括组织机制的建立、运营管理流程的设计与优化、物流网络的建立及信息支持体系等。而绿色供应链管理是供应链管理中的一种管理模式，在考虑信息流、物流与资金流的同时还强调将环境意识、资源有效利用等环境管理思想纳入整个供应链管理中[129]。归纳来说，绿色供应链即是要求产品从设计、采购、生产、包装、销售、消费到报废处理，整个生命周期对环境的影响最小，资源利用要实现效率最高。

虽然绿色供应链管理概念的提出及其实践与应用是近几十年发展起来的，但是已经得到了学术界、企业界及政府机构的广泛关注。在学术界，绿色供应链管理一直是研究热点[130]，早期研究关注闭环供应链的逆向物流，如回收路径选择、再制造、拆卸和测试[131]，而后相关研究人员更多从系统的角度研究绿色供应链的驱动和阻碍因素、绿色供应链合作伙伴选择、绿色供应链企业绩效评价和绿色供应链网络设计等多个方面的内容，逐步形成了绿色供应链管理研究的技术框架，如图1.8所示。

驱动和阻碍因素是绿色供应链相关研究的理论基础和重要依据，目前学术界已针对企业内部和企业外部两方面分别开展了大量的研究[133-136]，研究结果可以归纳总结为：在企业内部，主要的驱动因素包括公司绿色形

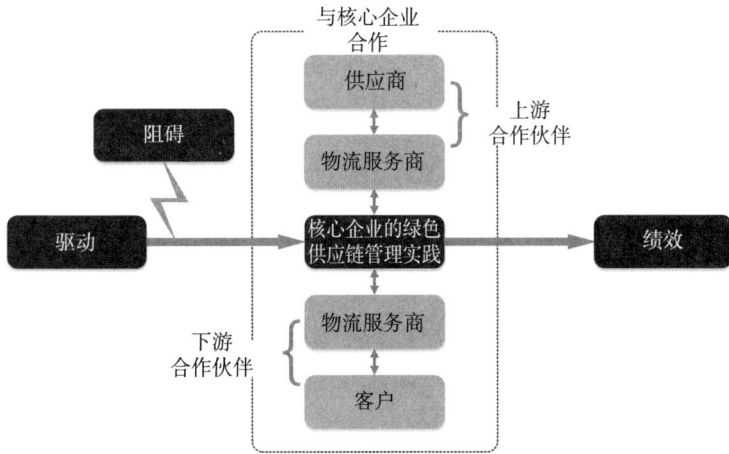

图 1.8　绿色供应链管理技术框架[132]

象的品牌化、企业管理者的环保思想、ISO14000 管理要求等；在企业外部，主要的驱动因素包括政府以及其他当地和国际环境组织的监管压力、提高对供应链合作伙伴的认识、竞争对手使用绿色供应链管理等。阻碍因素包括企业内部缺乏环保意识、企业经济实力限制、缺乏生态技术等；企业外部缺乏政府支持、供应链合作伙伴缺乏认识、缺乏监管机构的支持和指导等因素。

　　研究表明，绿色供应链企业绩效评价与数学优化模型相结合的研究正呈指数增长[132]。Rao 等[137]的研究指出绿色供应链管理实践所包括的生态设计、内部管理支持、与供应商和客户的合作对企业的环境绩效产生了积极影响，并且可帮助企业减少有害物质，从而改善环境绩效。绿色供应链绩效可以分为经济绩效、环境绩效和生产绩效，而经济绩效可以通过产品成本或利润进行评估；环境绩效可以通过防止污染、减少废弃物排放及能源消耗进行评估；生产绩效可以通过产品效率、质量或产量进行评估[136,138]。

　　在数学优化模型方面，Fazli-Khalaf 等[139]提出了一种基于情景的随机规划方法，可以有效地控制企业的污染排放问题；Hariga 等[140]提出了可以最大限度地减少碳排放，最小化运营成本和减少环境污染方面的数学模型；Jindal 和 Sangwan[141]提供一种改善经济和环境绩效的数学模型，该模型在模糊环境下工作可以处理多个优化目标；Nurjanni 等[142]提出了一个多目标优化数学模型，通过在金融和环境问题之间进行权衡来降低成本并最大限度地减少环境污染。

绿色供应链合作伙伴关系研究中，多数研究均表明选择合适的供应商作为合作伙伴在绿色供应链管理中起着积极的作用[143-145]。根据相关文献的检索，我国科研工作者也已开展了供应链企业合作伙伴选择的相关研究[146-148]，构建了多套基于不同目标的合作伙伴评价指标体系。

由于供应链的关系越来越复杂，而绿色供应链网络设计及数学优化模型构建可以将复杂关系进行系统化的整理，已成为现阶段绿色供应链管理新的研究热点。有文献[149]构建了绿色供应链等级及其决策视角集成的设计框架，如图1.9所示；Kirilova等[150]开展了保加利亚环境友好型乳制品供应链网络设计的研究，基于乳制品生产企业的经济和环境绩效构建了绿色产品组合网络；Miranda-Ackerman等[151]开展了加工食品行业绿色供应链网络框架的设计研究，并在橙汁生产中进行了应用，验证了网络体系的合理性和实用性；Waltho等[152]系统综述了2010—2017年基于碳排放和环境政策的绿色供应链网络设计的模型与方法，研究结果发现通过使用低排放资源的供应链网络设计成功实现了碳的大幅减排，但总成本略有增加，同时也发现在目前的研究中污染排放很少被考虑在供应链网络设计中的不足。

我国政府部门十分重视绿色供应链的创新与应用研究。2018年《商务部等8部门关于开展供应链创新与应用试点的通知》指出，绿色供应链的构建、创新和应用能够有效促进我国产业结构调整和供给侧结构性改革。2018年10月16日，商务部等8部门发布了《全国供应链创新与应用试点城市和试点企业名单的通知》[153]，共有55个试点城市，在试点企业中大连市一家大型海参生产企业也名列其中。我国科研人员也分别从驱动和阻碍因素、决策机制、绩效评价等角度开展了我国农产品绿色供应链的研究[154-156]，但大多针对的是种植业和畜牧业，缺乏水产行业的系统研究，针对海参行业绿色供应链管理，目前国内外的学术研究更是处于空白阶段。因此，基于海参行业实施清洁生产的需要，海参生产过程供应链层面的合作伙伴关系、绿色供应链网络设计是现阶段迫切需要开展的研究内容。

时间维度视图

| 企业设计 | 物流设计 | 物流设计调整 | 最终调整 |
|---|---|---|---|
| 替代能源可达性 | 运输模式选择 | 调整供应商位置 | 托盘尺寸 |
| 原材料来源可达性 | 仓储中心 | 调整配送策略 | 包装 |
| 本地废弃物管理 | 配送策略 | | |
| 设施设计 | 设施建造设计 | 设施建造调整 | 设施改造 |
| 被动冷却结构 | 设备选择 | | 照明 |
| 设施产能 | 废弃物管理与再利用 | 照明控制 | 能源来源（如太阳能） |
| 能源（如屋顶太阳能） | | | 废弃物再利用系统 |
| 产线/单元设计 | | | |
| 布局 | | | |
| 设备设计 | 设备制造设计 | 设备工艺调整 | 设备后处理 |
| 材料选择 | | | |
| 配置 | | | |
| 产品设计 | 产品制造设计 | 产品工艺调整 | 设备后处理 |
| 材料选择 | 工艺装备选择 | 调整耗材 | 捕获/净化排放物 |
| 几何设计 | | 调整工艺装备 | |

空间维度视图

图 1.9　绿色供应链等级及其决策视角集成设计框架[149]

# 1.4　海参行业清洁生产

2011 年农业部下发了《关于加快推进农业清洁生产的指导意见》[157]，提出"推进水产健康养殖"的指导意见，2019 年我国农业农村部联合九部委共同印发了《关于加快推进水产养殖业绿色发展的若干意见》[95]，其中提出了优化养殖生产布局、大力发展生态健康养殖、提高养殖设施和装备水平、完善养殖生产经营体系等指导意见，可见我国政府对水产养殖业绿色健康发展的重视程度。海参行业涉及范围较广且影响较大，是我国水产行业的支柱产业之一，因此海参行业清洁生产的实施不仅能够有效解决行业自身存在的资源环境问题，同时也能够为落实国家相关政策，推进我国水产行业清洁生产提供理论依据和技术支持。

### 1.4.1 海参行业清洁生产研究现状

海参行业的清洁生产是由海参生产技术、环境科学与工程、管理科学所组成的交叉性研究领域，目前海参行业清洁生产的相关研究主要体现在企业工艺改造、设备革新及废弃物回收利用等技术的创新与应用中，包括海参生态育苗和养殖技术[27,28,35]、生产过程化学品污染控制技术[25,26]、生产政策管理体系的研究[158-161]及生产设备的改进与设计[162-164]等。这些研究的目的均是提高苗种质量、提升成参品质、提高成活率及通过末端治理实施环境污染控制，并未形成整体预防和全过程控制的清洁生产研究体系。

一方面，与现有的重点工业企业清洁生产相同，海参育苗、养殖及加工业同样需要通过原辅材料和能源的减少和替换、技术工艺和设备的改进、废弃物的处理和资源化利用、产品换代以及过程控制、管理和员工培训等方面的改进和提高实现企业"节能、降耗、减污、增效"的目标。另一方面，随着海参生产过程不断复杂化和多样化，育苗、养殖及加工等不同生产阶段供应链企业间的合作关系和供应商选择也直接影响到整个海参行业的可持续发展，根据党春阁等[165]的研究，清洁生产和绿色供应链的实施都存在于企业，并融入了环境保护思想，绿色供应链为清洁生产提供了一种管理模式，清洁生产则是绿色供应链实现的重要依据，两者之间存在相互补充和相互促进的作用。因此，海参行业清洁生产必须扩大全过程控制的系统边界，通过追溯上下游企业的环境影响，选取环境影响最小的供应链合作伙伴企业，使整个供应链实现环境绩效最优的目标。

### 1.4.2 海参行业清洁生产研究问题

目前海参行业清洁生产研究尚处于起步阶段，仍然存在较大的研究空间，也具有较高的研究价值和意义，开展海参行业清洁生产的研究需要解决的问题与不足可以总结归纳为三个方面：

（1）目前的研究缺乏基于企业实际生产数据的生命周期环境影响量化识别和评估，不利于对海参整个生产过程环境影响关键因素的把握，也不利于企业发现污染预防的机会，那么在整个海参生产过程的育苗、养殖及加工阶段中，哪个阶段具有最大的环境影响？造成环境影响的关键因素又是什么？随着海参育苗和养殖技术生产实践和科学研究的不断发展，网箱育苗技术和底播增殖技术已成为提高苗种成活率、提升成参品质及确保海参食品安全的典型生态健康养殖技术，与传统技术相比具有优越性。目前普遍认为应当转变生产方式，以生态健康养殖技术替代传统工艺，那么已推广的生态技术与传统技术相比，在其生命周期环境影响方面是否同样具有优越性，生态技术在环境影响角度是否仍然存在改进潜力，均是目前相关研究尚未解决的问题。

（2）我国已颁布实施了多套清洁生产评价指标体系，但大多针对的是工业行业，目前并未构建适用于海参育苗、养殖及加工业的清洁生产评价指标体系，而科研工作者也尚未对此开展相关工作的研究，无法以指标体系为基础对企业进行清洁生产水平的评价。我国各级主管部门虽然颁布了一系列国家、地方标准及海参行业技术规范，但管理内容存在一定的局限性，并且主要关注的是海参生产末端污染物的排放，缺乏对企业环保意识、技术装备革新及生产过程中污染控制等问题的监管和评估。因此，以海参行业资源环境问题特点为基础，以我国《清洁生产评价指标体系编制通则（试行稿）》[122]为依据，系统整合各级行业标准和技术规范，构建专门针对海参生产企业的清洁生产评价指标体系尤为重要。

（3）整个海参行业清洁生产的实施无法依靠单一企业，而是需要通过整个供应链中所有成员企业环境绩效的共同提升来实现，随着国家政策宣传和扶持力度的增大，越来越多的海参生产企业管理者开始注重企业绿色供应链管理的问题，并积极参与其中，希望找到企业经济绩效与环境绩效协调发展的方法和实施策略。但目前海参生产企业间呈现碎片化、零散化的合作关系，并未以环境绩效为基础构建企业视角的合作伙伴筛选方法，那么海参生产企业应当如何筛选综合绩效最优的供应商，并与之形成长期稳定的绿色合作伙伴关系？绿色供应链网络设计是将清洁生产和绿色理念融入供应链管理，将环境绩效纳入整个海参生产过程中，通过经济绩效和环境绩效的共同发展，构建综合效益最优的绿色供应链网络。但目前海参

21

行业并未根据产品环境绩效、经济绩效和生产绩效的系统优化构建绿色供应链网络，也缺乏有效的优化模型和优化算法，那么在供应链视角下，海参行业绿色供应链网络应当如何构建？如何通过环境、经济和生产绩效的系统优化选取供应链中不同职能的最佳成员企业？

## 1.5 研究目的、内容及技术路线

### 1.5.1 研究目的

我国海参行业存在的诸多资源环境问题已逐渐显现，但海参行业清洁生产研究尚处于起步阶段，通过上述综述分析，海参行业开展清洁生产应从两个方面进行：在企业尺度，各个阶段的生产企业都要针对资源能源消耗和污染物产生等环节开展基于海参产品生命周期过程的系统评价，阐明各个生产阶段对环境造成影响的性质和大小，发现预防污染的机会和措施，这需要建立海参行业的清洁生产评价指标体系和评价标准。在供应链尺度，应当将实施清洁生产的范围从企业内部延伸到各个成员企业共同参与的供应链中，对所有成员企业生命周期生产过程环境绩效、经济绩效及生产绩效进行系统评价，并通过系统优化选取供应链各个职能的最佳成员企业和绿色网络。这需要从企业视角筛选区域内潜在伙伴企业，确定长期稳定合作关系，从供应链视角通过产品环境、经济和生产绩效的系统优化构建绿色供应链网络，在海参生产供应链层面实施清洁生产。

本文的研究目的分别是：

（1）在企业尺度，通过构建海参行业清洁生产评价指标体系，评估海参生产参与企业的清洁生产水平，识别企业实施清洁生产的关键节点，发掘企业清洁生产潜力，强调企业生产过程环境污染控制，为企业制定清洁生产改进措施提供依据。

（2）在供应链尺度，将实施清洁生产的范围从企业内部延伸到各个生产成员共同参与的供应链中，构建环境、经济及生产绩效协调发展的海参行业绿色供应链网络，根据优化模型和方法选取供应链最佳成员企业，为海参生产企业选择合作伙伴共同提升环保意识提供技术支持，在供应链层面实现海参行业清洁生产的目标。

（3）清洁生产评价指标及基准值的选取原则要求在产品或工艺的整个生命周期都要考虑污染预防，需要对海参生命周期生产过程进行系统评价与分析；绿色供应链网络设计需要追溯整个海参行业供应链上下游参与企业生命周期环境影响，识别企业生产环境绩效，而 LCA 可以为实现上述目的提供有力的评价工具。因此，实现目的一和目的二的基础均是针对海参生产过程和生产技术进行 LCA 研究，量化评估和识别海参生产过程中生命周期环境影响的关键阶段和因素，发现预防污染的机会并提出环境影响改进措施，对比分析传统与生态海参育苗和养殖技术的生命周期环境影响差异，判断生态技术环境影响优越性，为海参育苗和养殖清洁生产技术的选择与完善提供技术支持。

## 1.5.2　研究内容

本文的主要研究内容包括海参行业的 LCA、清洁生产评价指标体系及绿色供应链网络设计三个部分，这三个内容彼此联系，相互作用，系统整合海参生产资源环境问题及清洁生产相关要素，为海参行业实施清洁生产提供技术支持与实践指导，具体的研究内容为：

（1）以辽宁省海参生产企业为例，开展海参生产过程的 LCA 研究，对育苗、养殖和加工三个主要生产阶段建立基于企业实际生产数据的生命周期清单，量化分析企业生产过程生命周期环境影响；同时选择室内育苗与网箱育苗、池塘养殖与底播增殖分别开展传统与生态海参生产技术 LCA 研究，对比分析生产技术生命周期环境影响差异，判断生态技术在环境影响方面是否具有优越性，并根据评价结果提出环境影响改进措施。

（2）根据我国《清洁生产评价指标体系编制通则（试行稿）》[122]的指导要求及海参行业资源环境问题特点，通过文献检索、国家和地方标准、企业现场调研、专家访问等方式及对海参行业 LCA 结果的系统总结和归纳，构建包括海参育苗、养殖及加工业三个方面的海参行业清洁生产评价指标体系，并将产地适宜性指标纳入海参育苗和养殖业清洁生产评价指标体系中，使用层次分析法确定指标的权重，而后选择具有代表性的两家海参生产企业，分别对其海参育苗、养殖及加工三个生产阶段开展企业清洁生产水平评价的案例研究，根据评价结果确定企业清洁生产等级并提出清洁生产改进措施。

（3）针对海参行业供应链中存在的问题与不足，首先从企业角度建立了海参行业绿色供应链合作伙伴的筛选方法，指导企业选择绿色供应链最佳合作伙伴。然后，从供应链角度构建了基于绿色生产、绿色采购及绿色消费三个要素，节点企业、技术模式及供应职能三个层级，环境、经济及生产三个绩效系统耦合的海参行业绿色供应链网络，以产品产量、综合能耗和产品利润为依据构建网络优化模型，采用多目标遗传算法（Multi-objective genetic algorithm，MOGA）结合改进逼近理想解法（Modified technique for order of preference by similarity to ideal solution，M-TOPSIS）计算优化结果，为海参行业构建绿色供应链网络提供技术支持。在案例研究中，以原料采购量和市场需求量作为约束条件，分别设定了四种绿色供应链网络优化方案，通过产品环境绩效、经济绩效和生产绩效的系统优化，选取供应链各个职能的最佳成员企业。

### 1.5.3　技术路线

技术路线如图 1.10 所示。

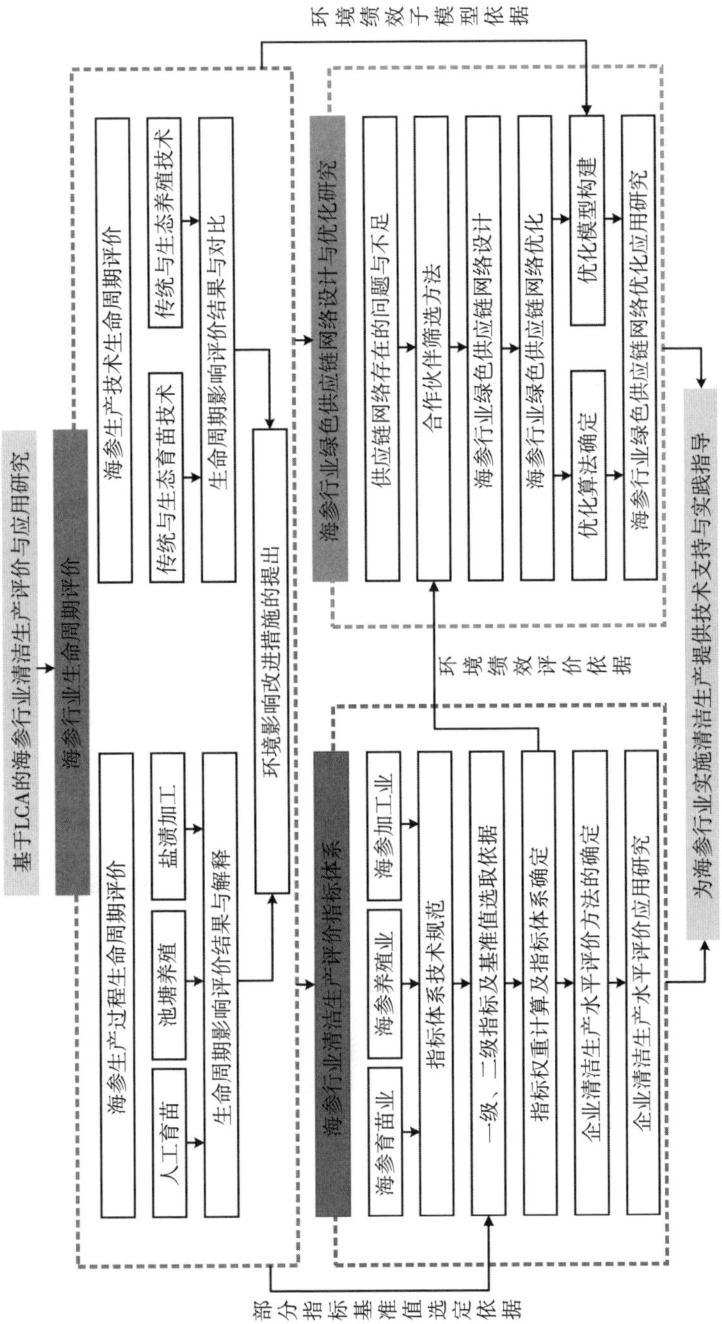
基于LCA的海参行业清洁生产评价与应用研究
海参行业生命周期评价
海参生产过程生命周期评价
人工育苗
池塘养殖
盐渍加工
生命周期影响评价结果与解释
海参生产技术生命周期评价
传统与生态育苗技术
传统与生态养殖技术
生命周期影响评价结果与对比
环境影响改进措施的提出
海参行业清洁生产评价指标体系
海参育苗业
海参养殖业
海参加工业
指标体系技术规范
一级、二级指标及基准值选取依据
指标权重计算及指标体系确定
企业清洁生产水平评价方法的确定
企业清洁生产水平评价应用研究
海参行业绿色供应链网络设计与优化研究
供应链网络存在的问题与不足
合作伙伴筛选方法
海参行业绿色供应链网络设计
海参行业绿色供应链网络优化
优化算法确定
优化模型构建
海参行业绿色供应链网络优化应用研究
环境绩效子模型依据
环境绩效评价依据
部分指标基准值选定依据
为海参行业实施清洁生产提供技术支持与实践指导

图1.10 技术路线

# 参考文献

［1］廖玉麟. 中国动物志棘皮动物门海参纲 ［M］. 北京：科学出版社，1997.

［2］Ibrahim D. M.，Radwan R. R.，Abdel Fattah S. M. Antioxidant and antiapoptotic effects of sea cucumber and valsartan against doxorubicin-induced cardiotoxicity in rats：The role of low dose gamma irradiation ［J］. Journal of Photochemistry and Photobiology B：Biology，2017，170：70-78.

［3］Xu C.，Zhang R.，Wen Z. Bioactive compounds and biological functions of sea cucumbers as potential functional foods ［J］. Journal of Functional Foods，2018，49：73-84.

［4］Qi H.，Ji X.，Liu S.，et al. Antioxidant and anti-dyslipidemic effects of polysaccharidic extract from sea cucumber processing liquor ［J］. Electronic Journal of Biotechnology，2017，28：1-6.

［5］Pangestuti R.，Arifin Z. Medicinal and health benefit effects of functional sea cucumbers ［J］. Journal of Traditional and Complementary Medicine，2018，8（3）：341-351.

［6］Conand C. Present status of world sea cucumber resources and utilisation：an international overview. Advances in sea cucumber aquaculture and management ［R］. FAO Fisheries Technical Paper，2004，463：13-23.

［7］Uthicke S. Overfishing of holothurians：lessons from the Great Barrier Reef. Advances in sea cucumber aquaculture and management ［R］. FAO Fisheries Technical Paper，2004，463：163-171.

［8］Fishery Statistical Collections-Global Aquaculture Production ［EB/OL］. http：//www. fao. org/fishery/statistics/global-aquaculture-production/en.

［9］中华人民共和国农业农村部渔业渔政管理局. 中国渔业统计年鉴 2022 ［M］. 北京：中国农业出版社，2023.

［10］FAO. The State of World Fisheries and Aquaculture 2022 ［M］. United Nations，2022.

［11］Han Q.，Keesing J. K.，Liu D. A Review of Sea Cucumber Aquaculture，Ranching，and Stock Enhancement in China ［J］. Reviews in Fisheries Science & Aquaculture，2016，24（4）：326-341.

［12］中华人民共和国农业部渔业局. 中国渔业统计年鉴 2013 ［M］. 北京：中国农业出版社，2014.

［13］中华人民共和国农业部渔业渔政管理局．中国渔业统计年鉴 2014［M］．北京：中国
　　　农业出版社，2015.

［14］中华人民共和国农业部渔业渔政管理局．中国渔业统计年鉴 2015［M］．北京：中国
　　　农业出版社，2016.

［15］中华人民共和国农业部渔业渔政管理局．中国渔业统计年鉴 2016［M］．北京：中国
　　　农业出版社，2017.

［16］中华人民共和国农业部渔业渔政管理局．中国渔业统计年鉴 2017［M］．北京：中国
　　　农业出版社，2018.

［17］中华人民共和国农业农村部渔业渔政管理局．中国渔业统计年鉴 2018［M］．北京：
　　　中国农业出版社，2019.

［18］中华人民共和国农业农村部渔业渔政管理局．中国渔业统计年鉴 2019［M］．北京：
　　　中国农业出版社，2020.

［19］中华人民共和国农业农村部渔业渔政管理局．中国渔业统计年鉴 2020［M］．北京：
　　　中国农业出版社，2021.

［20］中华人民共和国农业农村部渔业渔政管理局．中国渔业统计年鉴 2021［M］．北京：
　　　中国农业出版社，2022.

［21］中华人民共和国农业农村部渔业渔政管理局．中国渔业统计年鉴 2022［M］．北京：
　　　中国农业出版社，2023.

［22］孙圆圆，袁志星，薛晓蕾．中国海参产业发展问题与对策研究［J］．世界农业，
　　　2018（3）：186-191.

［23］张春云，王印庚，荣小军，等．国内外海参自然资源、养殖状况及存在问题［J］．
　　　海洋水产研究，2004（3）：89-97.

［24］袁宗勤，倪成男，王兴仿，等．海参育苗期常见病害及综合预防措施［J］．科学养
　　　鱼，2014（2）：88.

［25］Tan Q．，Xu H．，Aguilar Z. P．，et al. Safety Assessment and Probiotic Evaluation of
　　　Enterococcus Faecium YF5 Isolated from Sourdough［J］．Journal of Food Science，
　　　2013，78（4）：587-593.

［26］凌威，王晶日，于洪淼，等．催化臭氧氧化去除模拟海产养殖废水中氟苯尼考［J］．
　　　环境工程，2019，37（10）：139-144.

［27］陈文博，郑怀东，刘学光，等．辽宁刺参育苗养殖技术集成［J］．中国水产，2018
　　　（1）：95-97.

［28］孙阳，刘彤，陈文博，等．刺参海区网箱生态育苗技术［J］．中国水产，2016
　　　（12）：102-104.

［29］刘锡胤，徐惠章，李悦春. 刺参的池塘养殖技术［J］. 渔业现代化，2002（4）：16-17.

［30］Butcherine P.，Benkendorff K.，Kelaher B.，et al. The risk of neonicotinoid exposure to shrimp aquaculture［J］. Chemosphere. 2019，217：329-348.

［31］Ferreira N. S.，Oliveira L. H. B.，Agrelli V.，et al. Bioaccumulation and acute toxicity of As（Ⅲ）and As（Ⅴ）in Nile tilapia（*Oreochromis niloticus*）［J］. Chemosphere. 2019，217：349-354.

［32］Guimarães A. T. B.，Silva De Assis H. C.，Boeger W. The effect of trichlorfon on acetylcholinesterase activity and histopathology of cultivated fish *Oreochromis niloticus*［J］. Ecotoxicology and Environmental Safety. 2007，68（1）：57-62.

［33］Lu J.，Zhang M.，Lu L. Tissue Metabolism，Hematotoxicity，and Hepatotoxicity of Trichlorfon in *Carassius auratus gibelio* After a Single Oral Administration［J］. Frontiers in Physiology. 2018，9.

［34］隋锡林，邓欢. 刺参池塘养殖的病害及防治对策［J］. 水产科学，2004（6）：22-23.

［35］邢坤. 刺参生态增养殖原理与关键技术［D］. 青岛：中国科学院海洋研究所，2009.

［36］颜月月，何姗，李玲芝. 海参加工技术研究进展［J］. 现代食品，2019（1）：8-11.

［37］Cao L.，Wang W.，Yang Y.，et al. Environmental impact of aquaculture and countermeasures to aquaculture pollution in China［J］. Environmental Science and Pollution Research - International，2007，14（7）：452-462.

［38］Zhu Z.，Zhu B.，Ai C.，et al. Development and application of a HPLC-MS/MS method for quantitation of fucosylated chondroitin sulfate and fucoidan in sea cucumbers［J］. Carbohydrate Research，2018，466：11-17.

［39］Zheng W.，Zhou L.，Lin L.，et al. Physicochemical Characteristics and Anticoagulant Activities of the Polysaccharides from Sea Cucumber *Pattalus mollis*［J］. Marine Drugs，2019，17（4）：198.

［40］Esmat A. Y.，Said M. M.，Soliman A. A.，et al. Bioactive compounds，antioxidant potential，and hepatoprotective activity of sea cucumber（*Holothuria atra*）against thioacetamide intoxication in rats［J］. Nutrition，2013，29（1）：258-267.

［41］Zhu M.，Zhao H.，Chen J.，et al. Investigation of antibiotics in sea cucumbers：occurrence，pollution characteristics，and human risk assessment［J］. Environmental Science and Pollution Research，2018，25（32）：32081-32087.

［42］He Z.，Cheng X.，Kyzas G. Z.，et al. Pharmaceuticals pollution of aquaculture and its management in China［J］. Journal of Molecular Liquids，2016，223：781-789.

［43］ Petek J. , Glaviç P. Improving the sustainability of regional cleaner production programs ［J］. Resources, Conservation and Recycling. 2000, 29（1）: 19-31.

［44］ UNEP. Cleaner Production worldwide, Volume Paris ［M］. UN Press, 1994: 10-40.

［45］ 朱慎林, 赵毅红, 周中平. 清洁生产导论 ［M］. 北京: 化学工业出版社, 2001: 1-5.

［46］ 中华人民共和国生态环境部. 中华人民共和国清洁生产促进法 ［EB/OL］. http: // fgs. mee. gov. cn/fl/201904/t20190428 _ 701287. shtml.

［47］ 李明丽. 哈尔滨印刷版辊制造厂清洁生产水平分析及改进方案 ［D］. 哈尔滨: 哈尔滨工业大学, 2017.

［48］ 钱易, 唐孝炎. 环境保护与可持续发展 ［M］. 北京: 高等教育出版社, 2000.

［49］ Ashton W. S. , Panero M. A. , Izquierdo Cruz C. , et al. Financing resource efficiency and cleaner production in Central America ［J］. Clean Technologies and Environmental Policy, 2018, 20（1）: 53-63.

［50］ Castillo-Vergara M. , Alvarez-Marin A. , Carvajal-Cortes S. , et al. Implementation of a Cleaner Production Agreement and impact analysis in the grape brandy（pisco） industry in Chile ［J］. Journal of Cleaner Production, 2015, 96: 110-117.

［51］ Ghazinoory S. Cleaner production in Iran: necessities and priorities ［J］. Journal of Cleaner Production, 2005, 13（8）: 755-762.

［52］ Siaminwe L. , Chinsembu K. C. , Syakalima M. Policy and operational constraints for the implementation of cleaner production in Zambia ［J］. Journal of Cleaner Production, 2005, 13（10-11）: 1037-1047.

［53］ Hamed M. M. , El Mahgary Y. Outline of a national strategy for cleaner production: The case of Egypt ［J］. Journal of Cleaner Production, 2004, 12（4）: 327-336.

［54］ Ortolano L. , Cushing K. K. , Warren K. A. Cleaner production in china ［J］. Environmental Impact Assessment Review, 1999, 19（5）: 431-436.

［55］ Wang J. China's national cleaner production strategy ［J］. Environmental Impact Assessment Review, 1999, 19（5）: 437-456.

［56］ Guo H. C. , Chen B. , Yu X. L. , et al. Assessment of cleaner production options for alcohol industry of China: a study in the Shouguang Alcohol Factory ［J］. Journal of Cleaner Production, 2006, 14（1）: 94-103.

［57］ Yong G. , Wang X. B. , Zhu Q. H. , et al. Regional initiatives on promoting cleaner production in China: a case of Liaoning ［J］. Journal of Cleaner Production, 2010, 18

（15）：1502-1508.

［58］Zhang B.，Yang S.，Bi J. Enterprises' willingness to adopt/develop cleaner production technologies：an empirical study in Changshu ［J］，China. Journal of Cleaner Production，2013，40：62-70.

［59］Ren X. Cleaner production in China's pulp and paper industry ［J］. Journal of Cleaner Production，1998，6（3）：349-355.

［60］Luken R. A.，Van Berkel R.，Leuenberger H.，et al. A 20-year retrospective of the National Cleaner Production Centres programme ［J］. Journal of Cleaner Production，2016，112：1165-1174.

［61］Peng H.，Liu Y. A comprehensive analysis of cleaner production policies in China ［J］. Journal of Cleaner Production，2016，135：1138-1149.

［62］Brown G.，Stone L. Cleaner production in New Zealand：taking stock ［J］. Journal of Cleaner Production，2007，15（8-9）：716-728.

［63］Rahim R.，Raman A. A. A. Cleaner production implementation in a fruit juice production plant ［J］. Journal of Cleaner Production，2015，101：215-221.

［64］Khuriyati N.，Wagiman，Kumalasari D. Cleaner Production Strategy for Improving Environmental Performance of Small Scale Cracker Industry ［J］. Agriculture and Agricultural Science Procedia，2015，3：102-107.

［65］Kong G.，White R. Toward cleaner production of hot dip galvanizing industry in China ［J］. Journal of Cleaner Production，2010，18（10）：1092-1099.

［66］Hicks C.，Dietmar R. Improving cleaner production through the application of environmental management tools in China ［J］. Journal of Cleaner Production，2007，15（5）：395-408.

［67］Liu Y.，Liang L. Evaluating and developing resource-based operations strategy for competitive advantage：an exploratory study of Finnish high-tech manufacturing industries ［J］. International Journal of Production Research，2015，53（4）：1019-1037.

［68］Zhang K.，Wen Z. Review and challenges of policies of environmental protection and sustainable development in China ［J］. Journal of Environmental Management，2008，88（4）：1249-1261.

［69］Tseng M.，Lin Y.，Chiu A. S. F. Fuzzy AHP-based study of cleaner production implementation in Taiwan PWB manufacturer ［J］. Journal of Cleaner Production，2009，17（14）：1249-1256.

［70］Zhang Y. ，Liang K. ，Li J. ，et al. LCA as a decision support tool for evaluating cleaner production schemes in iron making industry ［J］. Environmental Progress & Sustainable Energy，2016，35（1）：195-203.

［71］Chen L. ，Wang L. ，Wu X. ，et al. A process-level water conservation and pollution control performance evaluation tool of cleaner production technology in textile industry ［J］. Journal of Cleaner Production，2017，143：1137-1143.

［72］Xiong W. ，Liu L. ，Xiong M. Application of gray correlation analysis for cleaner production ［J］. Clean Technologies and Environmental Policy，2010，12（4）：401-405.

［73］Huang Y. ，Luo J. ，Xia B. Application of cleaner production as an important sustainable strategy in the ceramic tile plant – a case study in Guangzhou, China ［J］. Journal of Cleaner Production，2013，43：113-121.

［74］刘巍. 中国铅酸蓄电池行业清洁生产和铅元素流研究 ［D］. 北京：清华大学，2016.

［75］金福江. 基于过程控制技术的清洁生产及其在制浆生产过程中的应用研究 ［D］. 杭州：浙江大学，2002.

［76］白硕玮. 面向清洁生产的饰面石材加工工艺规划决策与评价方法研究 ［D］. 济南：山东大学，2016.

［77］贾继文，陈宝成. 农业清洁生产的理论与实践研究 ［J］. 环境与可持续发展，2006，（4）：1-4.

［78］罗良国，王艳，秦丽欢，等. 国外农业清洁生产政策法规综述 ［J］. 农业环境与发展，2011，28（6）：41-45.

［79］Luo L. ，Wang Y. ，Qin L. Incentives for promoting agricultural clean production technologies in China ［J］. Journal of Cleaner Production，2014，74：54-61.

［80］Engström R. ，Nilsson M. ，Finnveden G. Which environmental problems get policy attention? Examining energy and agricultural sector policies in Sweden ［J］. Environmental Impact Assessment Review，2008，28（4-5）：241-255.

［81］刘岑薇，王成己，黄毅斌. 中国农业清洁生产的发展现状及对策分析 ［J］. 中国农学通报，2016，32（32）：200-204.

［82］赵其国，周建民，董元华. 江苏省农业清洁生产技术与管理体系的研究与试验示范 ［J］. 土壤，2001（6）：281-285.

［83］党雪瑞. 陕西省农业清洁生产技术体系及实施措施的探讨 ［D］. 杨凌：西北农林科技大学，2007.

［84］柯紫霞. 浙江省农业清洁生产技术体系的建立及实施对策研究 ［D］. 杭州：浙江大

学，2006.

[85] Madanhire I.，Mugwindiri K.，Mbohwa C. Enhancing cleaner production application in fertilizer manufacturing：case study [J]. Clean Technologies and Environmental Policy，2015，17（3）：667-679.

[86] Kholif A. E.，Elghandour M. M. Y.，Rodríguez G. B.，et al. Anaerobic ensiling of raw agricultural waste with a fibrolytic enzyme cocktail as a cleaner and sustainable biological product [J]. Journal of Cleaner Production，2017，142：2649-2655.

[87] Chowdhury R. B.，Moore G. A. Floating agriculture：a potential cleaner production technique for climate change adaptation and sustainable community development in Bangladesh [J]. Journal of Cleaner Production，2017，150：371-389.

[88] Terehovics E.，Soloha R.，Veidenbergs I.，et al. Cleaner production nodes in fish processing. Case study in Latvia [J]. Energy Procedia，2019，158：3951-3956.

[89] Thrane M.，Nielsen E. H.，Christensen P. Cleaner production in Danish fish processing – experiences，status and possible future strategies [J]. Journal of Cleaner Production，2009，17（3）：380-390.

[90] Van Putten I. E.，Farmery A. K.，Green B. S.，et al. The Environmental Impact of Two Australian Rock Lobster Fishery Supply Chains under a Changing Climate [J]. Journal of Industrial Ecology，2016，20（6）：1384-1398.

[91] 赵安芳，刘瑞芳，温琰茂. 不同类型水产养殖对水环境影响的差异及清洁生产探讨 [J]. 环境污染与防治，2003，（6）：362-364.

[92] 刘长发，何洁，张俊新，等. 水产养殖清洁生产的内涵与技术 [J]. 渔业现代化，2005，（3）：8-10.

[93] 广西壮族自治区质量技术监督局. DB 45/T 1062 海水池塘养殖清洁生产要求 [S]. 南宁：2014.

[94] 赵洪贵. 水产养殖业推行清洁生产技术研究 [J]. 农民致富之友，2018（4）：243.

[95] 中华人民共和国农业农村部. 关于加快推进水产养殖业绿色发展的若干意见 [EB/OL]. http：//www. moa. gov. cn/govpublic/YYJ/201902/t201902156171447. htm.

[96] 中华人民共和国国家发展和改革委员会，淡水养殖行业清洁生产评价指标体系（征求意见稿），[EB/OL]. http：//www. ndrc. gov. cn/zwfwzx/tztg/201907/t20190712_941422. html.

[97] Tukker A. Life cycle assessment as a tool in environmental impact assessment [J]. Environmental Impact Assessment Review，2000，20（4）：435-456.

[98] Zabalza Bribián I.，Valero Capilla A.，Aranda Usón A. Life cycle assessment of building materials：Comparative analysis of energy and environmental impacts and

evaluation of the eco-efficiency improvement potential [J]. Building and Environment, 2011, 46 (5): 1133-1140.

[99] Hawkins T. R., Singh B., Majeau Bettez G., et al. Comparative Environmental Life Cycle Assessment of Conventional and Electric Vehicles [J]. Journal of Industrial Ecology, 2012, 17 (1): 53-64.

[100] Salemdeeb R., Zu Ermgassen E. K. H. J., Kim M. H., et al. Environmental and health impacts of using food waste as animal feed: a comparative analysis of food waste management options [J]. Journal of Cleaner Production, 2017, 140: 871-880.

[101] Guinée J. B., Gorrée M., Heijungs R., et al. Handbook on life cycle assessment [M]. Dordrecht: Kluwer Academic Publishers, 2002: 10-55.

[102] Guinee J. B. Handbook on life cycle assessment operational guide to the ISO standards [J]. The International Journal of Life Cycle Assessment, 2002, 7 (5): 311.

[103] ISO. Environmental management – Life cycle assessment – Principles and framework (ISO 14040: 2006) [M]. International Organization for Standardization (ISO), 2006, Geneva.

[104] ISO. Environmental management – Life cycle assessment – Requirements and guidelines (ISO 14044: 2006) [M]. International Organization for Standardization (ISO), 2006, Geneva.

[105] 中华人民共和国国家质量监督检验检疫总局. GB/T 24040—2008. 环境管理生命周期评价原则与框架 [S]. 北京: 中国标准出版社, 2008.

[106] 中华人民共和国国家质量监督检验检疫总局. GB/T 24044—2008. 环境管理生命周期评价要求与指南 [S]. 北京: 中国标准出版社, 2008.

[107] Wang H., Yang Y., Zhang X., et al. Carbon Footprint Analysis for Mechanization of Maize Production Based on Life Cycle Assessment: A Case Study in Jilin Province, China [J]. Sustainability, 2015, 7 (11): 15772-15784.

[108] Fenner A. E., Kibert C. J., Woo J., et al. The carbon footprint of buildings: A review of methodologies and applications [J]. Renewable and Sustainable Energy Reviews, 2018, 94: 1142-1152.

[109] Ridoutt B. G., Pfister S. A new water footprint calculation method integrating consumptive and degradative water use into a single stand-alone weighted indicator [J]. The International Journal of Life Cycle Assessment, 2013, 18 (1): 204-207.

[110] Ma X., Shen X., Qi C., et al. Energy and carbon coupled water footprint analysis

for Kraft wood pulp paper production [J]. Renewable and Sustainable Energy Reviews，2018，96：253-261.

[111] Ahmadi A.，Tiruta-Barna L. A Process Modelling-Life Cycle Assessment-Multi Objective Optimization tool for the eco-design of conventional treatment processes of potable water [J]. Journal of Cleaner Production，2015，100：116-125.

[112] López-Andrés J. J.，Aguilar-Lasserre A. A.，Morales-Mendoza L. F.，et al. Environmental impact assessment of chicken meat production via an integrated methodology based on LCA，simulation and genetic algorithms [J]. Journal of Cleaner Production，2018，174：477-491.

[113] Aubin J.，Papatryphon E.，van der Werf H. M. G.，et al. Assessment of the environmental impact of carnivorous finfish production systems using life cycle assessment [J]. Journal of Cleaner Production，2009，17（3）：354-361.

[114] Pelletier N.，Tyedmers P.，Sonesson U.，et al. Not all salmon are created equal：life cycle assessment (LCA) of global salmon farming systems [J]. Environmental science & technology，2009，43（23）：8730-8736.

[115] Abdou K.，Aubin J.，Romdhane M. S.，et al. Environmental assessment of seabass (*Dicentrarchus labrax*) and seabream (*Sparus aurata*) farming from a life cycle perspective：A case study of a Tunisian aquaculture farm [J]. Aquaculture，2017，471：204-212.

[116] Biermann G.，Geist J. Life cycle assessment of common carp (*Cyprinus carpio* L.) -A comparison of the environmental impacts of conventional and organic carp aquaculture in Germany [J]. Aquaculture，2019，501：404-415.

[117] Nhu T. T.，Schaubroeck T.，Henriksson P. J. G.，et al. Environmental impact of non-certified versus certified (ASC) intensive *Pangasius* aquaculture in Vietnam，a comparison based on a statistically supported LCA [J]. Environmental Pollution，2016，219：156-165.

[118] Fréon P.，Durand H.，Avadí A.，et al. Life cycle assessment of three Peruvian fishmeal plants：Toward a cleaner production [J]. Journal of Cleaner Production，2017，145：50-63.

[119] Wang G.，Dong S.，Tian X.，et al. Life cycle assessment of different sea cucumber (*Apostichopus japonicus* Selenka) farming systems [J]. Journal of Ocean University of China，2015，14（6）：1068-1074.

[120] 苏荣军，郭鸿亮，夏至. 清洁生产理论与审核实践 [M]. 北京：化学工业出版

社，2019.

[121] Tong O. ，Shao S. ，Zhang Y. ，et al. An AHP-based water-conservation and waste-reduction indicator system for cleaner production of textile-printing industry in China and technique integration [J]. Clean Technologies and Environmental Policy，2012，14 (5)：857-868.

[122] 中华人民共和国国家发展和改革委员会，中华人民共和国环境保护部，中华人民共和国工业和信息化部. 清洁生产评价指标体系编制通则（试行稿）[EB/OL].
https：//www. baidu. com/link? url = Ybr _ 2yK2eyc6xBmrZT926HHMMMg9L9AJ-AB2r0B5fQGMEF7jf4aO0MIPrr4Lki9x7EHkYyeDt0E7VSxF8SJLaaUeA2VgSpMue-zG5-BxOeoAAcmVvalVXB5hVdAqe _ NS-cThxemT-yV0o4du _ zSAGokafo8xazCI21wL-6HossSbiC&wd=&eqid=abe5774a0005beb700000002685226c4

[123] 贾顺植. 医药行业清洁生产指标体系研究 [D]. 苏州：苏州科学技术大学，2014.

[124] Li J. H. ，Zhang Y. ，Yu J. Q. ，et al. A Cleaner Production Evaluation Indicator System Available for Chinese Fish Processing Industry [J]. Advanced Materials Research，2013，726-731：3171-3175.

[125] Bai S. ，Zhang J. ，Wang Z. A methodology for evaluating cleaner production in the stone processing industry：case study of a Shandong stone processing firm [J]. Journal of Cleaner Production，2015，102：461-476.

[126] Li J. ，Zhang Y. ，Du D. ，et al. Improvements in the decision making for Cleaner Production by data mining：Case study of vanadium extraction industry using weak acid leaching process [J]. Journal of Cleaner Production，2017，143：582-597.

[127] Sarkis J. ，Zhu Q. ，Lai K. An organizational theoretic review of green supply chain management literature [J]. International Journal of Production Economics，2011，130 (1)：1-15.

[128] Seuring S. ，Müller M. From a literature review to a conceptual framework for sustainable supply chain management [J]. Journal of Cleaner Production，2008，16 (15)：1699-1710.

[129] Fahimnia B. ，Sarkis J. ，Davarzani H. Green supply chain management：A review and bibliometric analysis [J]. International Journal of Production Economics，2015，162：101-114.

[130] Srivastava S. K. Green supply-chain management：A state-of-the-art literature review [J]. International Journal of Management Reviews，2007，9 (1)：53-80.

[131] Yu H. ，Lyu Y. ，Wang J. Green manufacturing with a bionic surface structured

grinding wheel specific energy analysis [J]. The International Journal of Advanced Manufacturing Technology, 2019, 104 (5): 2999-3005.

[132] Tseng M., Islam M. S., Karia N., et al. A literature review on green supply chain management: Trends and future challenges [J]. Resources, Conservation and Recycling, 2019, 141: 145-162.

[133] Zhu Q, H., Sarkis J. The moderating effects of institutional pressures on emergent green supply chain practices and performance [J]. International Journal of Production Research, 2007, 45 (18-19): 4333-4355.

[134] Diabat A., Govindan K. An analysis of the drivers affecting the implementation of green supply chain management. Resources [J], Conservation and Recycling, 2011, 55 (6): 659-667.

[135] Walker H., Di Sisto L., McBain D. Drivers and barriers to environmental supply chain management practices: Lessons from the public and private sectors [J]. Journal of Purchasing and Supply Management, 2008, 14 (1): 69-85.

[136] Huang Y., Huang C., Yang M. Drivers of green supply chain initiatives and performance [J]. International Journal of Physical Distribution & Logistics Management, 2017, 47 (9): 796-819.

[137] Rao P., Holt D. Do green supply chains lead to competitiveness and economic performance [J]. International Journal of Operations & Production Management, 2005, 25 (9): 898-916.

[138] Green K. W., Zelbst P. J., Meacham J., et al. Green supply chain management practices: impact on performance [J]. Supply Chain Management: An International Journal, 2012, 17 (3): 290-305.

[139] Fazli-Khalaf M., Mirzazadeh A., Pishvaee M. A robust fuzzy stochastic programming model for the design of a reliable green closed-loop supply chain network [J]. Human and ecological Risk Assessment: An International Journal, 2017, 23 (8): 2119-2149.

[140] Hariga M., AsAd R., Shamayleh A. Integrated economic and environmental models for a multi stage cold supply chain under carbon tax regulation [J]. Journal of Cleaner Production, 2017, 166: 1357-1371.

[141] Jindal A., Sangwan K. S. Multi-objective fuzzy mathematical modelling of closed-loop supply chain considering economical and environmental factors [J]. Annals of Operations Research, 2017, 257 (1-2): 95-120.

［142］ Nurjanni K. P., Carvalho M. S., Costa L. Green supply chain design：A mathematical modeling approach based on a multi-objective optimization model ［J］. International Journal of Production Economics，2017，183：421-432.

［143］ Bai C., Sarkis J. Integrating sustainability into supplier selection with grey system and rough set methodologies ［J］. International Journal of Production Economics，2010，124 (1)：252-264.

［144］ Zhu Q., Feng Y., Choi S. The role of customer relational governance in environmental and economic performance improvement through green supply chain management ［J］. Journal of Cleaner Production，2017，155：46-53.

［145］ Tseng M. Green supply chain management with linguistic preferences and incomplete information ［J］. Applied Soft Computing，2011，11 (8)：4894-4903.

［146］ 徐新清. 绿色供应链合作伙伴的选择与协调研究 ［D］. 淄博：山东理工大学，2007.

［147］ 熊楚风. 基于 BP 神经网络的房地产绿色供应链合作伙伴的选择研究 ［D］. 重庆：重庆大学，2016.

［148］ 张翠英，游兆彤，汪国平. 农产品供应链合作伙伴选择标准研究 ［J］. 浙江农业学报，2017，29 (6)：1043-1049.

［149］ Reich-Weiser C., Vijayaraghavan A., Dornfeld D A. Appropriate Use of Green Manufacturing Frameworks ［C］. 17th CIRP LCE Conference，2010：196-201.

［150］ Kirilova E. G., Vaklieva-Bancheva N. G. Environmentally friendly management of dairy supply chain for designing a green products′ portfolio ［J］. Journal of Cleaner Production. 2017，167：493-504.

［151］ Miranda-Ackerman M. A., Azzaro-Pantel C., Aguilar-Lasserre A. A. A green supply chain network design framework for the processed food industry：Application to the orange juice agrofood cluster ［J］. Computers & Industrial Engineering，2017，109：369-389.

［152］ Waltho C., Elhedhli S., Gzara F. Green supply chain network design：A review focused on policy adoption and emission quantification ［J］. International Journal of Production Economics. 2019，208：305-318.

［153］ 中华人民共和国商务部. 商务部等 8 部门关于公布全国供应链创新与应用试点城市和试点企业名单的通知 ［EB/OL］. http：//www. mofcom. gov. cn/article/h/redht/201810/20181002797245. shtml.

［154］ 武春友，朱庆华，耿勇. 绿色供应链管理与企业可持续发展 ［J］. 中国软科学，

2001，(3)：67-70.

[155] 叶飞，张婕 . 绿色供应链管理驱动因素、绿色设计与绩效关系 [J]. 科学学研究，2010，28 (8)：1230-1239.

[156] 沈玲 . 供应链绿色实践对企业绩效影响的实证研究 [D]. 北京：对外经济贸易大学，2016.

[157] 中华人民共和国农业部 . 农业部关于加快推进农业清洁生产的意见 [EB/OL]. http：//www. moa. gov. cn/nybgb/2011/dseq/201805/t20180524 _ 6143000. htm.

[158] 王岩 . 棒棰岛海参品牌建设策略研究 [D]. 大连：大连海事大学，2014.

[159] Zamora L. N.，Yuan X.，Carton A. G.，et al. Role of deposit-feeding sea cucumbers in integrated multitrophic aquaculture：progress，problems，potential and future challenges [J]. Reviews in Aquaculture. 2018，10 (1)：57-74.

[160] Ru X.，Zhang L.，Li X.，et al. Development strategies for the sea cucumber industry in China [J]. Journal of Oceanology and Limnology. 2019，37 (1)．

[161] Israel D.，Lupatsch I.，Angel D. L. Testing the digestibility of seabream wastes in three candidates for integrated multi-trophic aquaculture：Grey mullet，sea urchin and sea cucumber [J]. Aquaculture. 2019，510：364-370.

[162] Kwon I.，Lee K.，Kim T. Shelter material and shape preferences of the sea cucumber，Apostichopus japonicus [J]. Aquaculture. 2019，508：206-213.

[163] Xie X.，Zhao W.，Yang M. Combined influence of water temperature，salinity and body size on energy budget in the sea cucumber *Apostichopus japonicus* Selenka [J]. Fisheries Science. 2013，79 (4)：639-646.

[164] Bossier P.，Ekasari J. Biofloc technology application in aquaculture to support sustainable development goals [J]. Microbial Biotechnology. 2017，10 (5)：1012-1016.

[165] 党春阁，刘铮，吴昊，等 . 以清洁生产促进绿色供应链建设的研究 [J]. 环境保护，2019，47 (5)：52-54.

# 2

# 海参行业供应链
# 生命周期评价

# 2.1 引　　言

随着我国海参产量的不断增加，海参生产过程所造成的资源环境问题也逐渐显现，这些问题已经严重阻碍了整个海参行业的可持续发展，迫切需要对海参行业各个生产阶段的生命周期环境影响进行量化评估，通过生产过程中资源能源输入及污染物输出的评价与分析，识别出最为主要的环境影响关键因素，提出具有针对性的环境影响改进措施。系统的科学研究和生产实践已经证明，海参网箱育苗和底播增殖技术在保证苗种质量、提高产品品质方面具有一定的优越性[1-3]，但与传统海参育苗和养殖技术相比，在环境污染控制及降低资源能源消耗等环境问题中是否同样具有优越性，是否仍然存在环境影响改进潜力是本章所要研究和讨论的问题。

本章首先以辽宁省海参行业为例，开展海参生产过程的 LCA 研究，对育苗、养殖和加工三个生产阶段建立基于企业实际生产数据的生命周期清单，量化分析生产过程生命周期环境影响。目前网箱育苗技术和底播增殖技术已成为提高苗种成活率、提升成参品质及确保海参食品安全的典型育苗和养殖生态技术，因此选择室内育苗与网箱育苗、池塘养殖与底播增殖分别开展传统与生态海参生产技术的 LCA 研究，对比分析生产技术生命周期环境影响差异，判断生态技术在环境影响方面是否具有优越性。研究成果能够为海参行业环境影响改进措施的制定及选择环境友好的生态技术提供技术支持，同时为第三章中指标的选择及第四章中环境绩效优化模型的构建提供依据。

# 2.2　海参生产过程生命周期评价

## 2.2.1　目标与范围的确定

辽宁省是中国海参主产区之一，2022 年辽宁省海参产量约占全国总产量的 35%[4]。为分析辽宁省海参行业供应链各环节的环境影响，进行了从摇篮到大门的 LCA 研究。从摇篮到大门是指根据产品或服务全生命周期的角度进行全面考虑、设计和管理，确保在整个过程中实现可持续发展。根据系统边界的不同，可分为从摇篮到摇篮、从摇篮到坟墓、从摇篮到大门，基于水产行业的特点，现行从摇篮到大门的系统边界，即海参育苗、养殖及加工环节。系统边界内物质的输入和输出包括能源生产和使用、原材料的生产和使用、生产阶段产品运输及污染物排放。

本章研究的内容是海参育苗、养殖及加工生产过程的环境影响。其中，育苗环节包括室内育苗和网箱育苗两种模式，养殖环节包括池塘养殖和底播增殖两种模式，加工环节包括半干加工、即食加工和淡干加工三种模式。以生产 1 t 海参产品作为本研究的功能单元。系统边界不包括废弃物的最终处置环节、销售及消费者的最终消费环节；限于数据获取的局限性，不考虑生产设备制造过程以及农药和抗生素使用的环境影响。

### 2.2.2 海参行业生产工艺流程简介

育苗环节主要有两种育苗方式，即室内育苗和网箱育苗。室内育苗将种参从外海捕捞后放入养殖车间暂养 3～5d，开始产卵孵化，在此期间不投喂饵料，仅换水充氧。待其发育至初耳幼体阶段，立即投喂人工培养的单细胞海藻和海洋红酵母等饵料。随着海参从浮游幼体发育至幼参阶段，将饵料转换为大叶菜和海藻泥等饲料[7]。为了保证参苗顺利越冬，需要使用电力及燃煤锅炉对海水加热。该阶段主要消耗海水、电力以及化石能源。

网箱育苗是一种依赖自然海域条件的海参育苗方法。在这个过程中，育种人员会将一定尺寸的网箱放入适合海参生长的海湾中。当海湾海水温度到 18℃ 以上时，进行苗种繁殖。在繁殖过程中，如果出现少量的樽形幼体，就会设置附着基，并适时使用遮阴网，创造适宜幼体生活的光照条件。整个过程是在自然海湾进行的生态育苗作业，充分依赖自然环境来促进海参的生长和繁殖，因此该阶段主要考虑投苗、运输过程中船只和车辆产生的化石能源消耗。

在养殖环节主要分析池塘养殖和底播增殖两种养殖方式。池塘养殖是一种将育成的海参苗种播撒到人工开凿的池塘中进行养殖的方法。在这个阶段，海参主要以天然饵料为主，投饲为辅，同时通过增氧泵间歇性供氧，以维持水质和海参的生长需要。随着海参的生长成熟，养殖人员会通过人工采捕的方式来收获新鲜的海参。该阶段主要考虑放苗、充氧、捕捞、运输过程中产生的电力以及化石能源消耗。

底播增殖是通过船只和车辆将海参苗种运输到指定的自然海域并播撒，使其自然生长。在这种养殖方式下，养殖者只需要定期观察海参生长情况，做好防病防灾工作即可。当海参长成后，将成熟的鲜活海参捕捞到作业船上运送到岸边，再由车辆送往海参加工厂。底播增殖技术养殖的海参生长周期为3～5年，由于人工干预较少，海参的品质及营养价值也更高。该阶段主要考虑撒播、捕捞、海域管理、运输过程中产生的化石能源消耗。

最后，送往加工厂的海参经过不同的加工工序制成半干产品、即食产品和淡干产品。其中，半干产品的加工工序包括分选、蒸煮、盐渍、冷冻，主要考虑淡水、电力和化石能源的消耗；即食产品的加工工序包括人工处理和冷冻，主要考虑电力的消耗；淡干产品的加工工序包括分选、蒸煮、盐渍、冷冻、浸泡、烘干，主要考虑淡水、电力和化石能源的消耗（图2.1）。

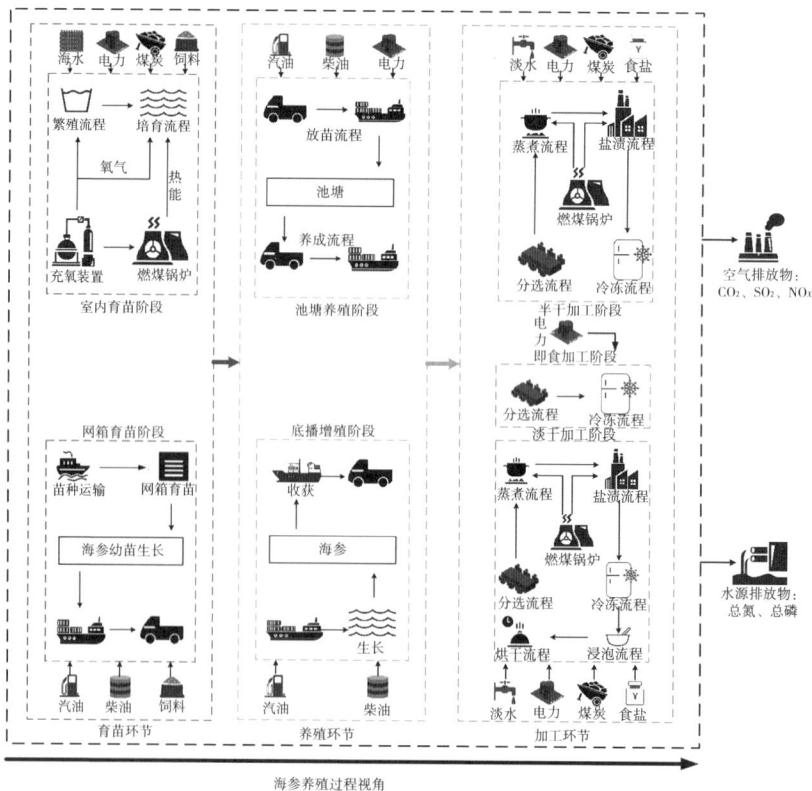

图 2.1　海参产品生产流程

### 2.2.3 清单分析

清单分析是 LCA 研究中较为烦琐的环节，需要收集系统边界内各个生产阶段的输入输出数据。通过案例企业现场调研、生产相关物料消耗清单及专家咨询等方式对海参生产过程相关数据进行收集整理，确定了整个系统边界内物质输入及污染物排放数据，计算得出各个环节的生命周期清单。

本章节收集了辽宁省 2022 年的海参相关数据，见表 2.1。其中，电力、煤炭、饲料、海水、汽油、柴油、石油、蒸馏水、食盐等相关输入数据来源于企业的实际生产报表。能源相关的上游数据来自 LCA for Experts 专业数据库；饲料的上游数据参考中国 eBalance 软件数据库 (CLCD)。输出数据中，$CO_2$、$SO_2$ 以及 $NO_x$ 的排放结果来自 Ecoinvent 3.7 数据库；总磷和总氮根据养殖车间收集到的废水在实验室进行检测获得。

表 2.1　海参生产生命周期清单

| 物质/单位 | | 育苗 | | 养殖 | | 加工 | | |
|---|---|---|---|---|---|---|---|---|
| | | 室内育苗 | 网箱育苗 | 池塘养殖 | 底播增殖 | 半干加工 | 即食加工 | 淡干加工 |
| 输入 | 电力/kWh | 4 328.58 | — | 142 850.00 | — | 6 192.90 | 622.70 | 6 426.90 |
| | 煤炭/kg | 7 182.45 | — | — | — | 5 442.39 | — | 5 442.39 |
| | 饲料/kg | 701.98 | 10.00 | — | — | — | — | — |
| | 海水/m³ | 3 976.07 | — | — | — | — | — | — |
| | 汽油/kg | — | 84.00 | 429.20 | 1 764.20 | — | — | — |
| | 柴油/kg | — | 175.10 | 151.60 | 7 242.00 | — | — | — |
| | 石油/kg | 0.02 | — | — | 46.40 | — | — | — |
| | 蒸馏水/m³ | — | — | — | — | 102.80 | — | 176.80 |
| | 食盐/kg | — | — | — | — | 1 508.3 | — | 1 508.30 |
| 输出 | $CO_2$/kg | 18 672.72 | 850.80 | 1 846.40 | 33 342 | 14 149.8 | — | 14 149.80 |
| | $SO_2$/kg | 172.33 | 7.29 | 18.00 | 288.20 | 130.68 | — | 130.68 |
| | $NO_x$/kg | 50.28 | 2.13 | 5.40 | 82.80 | 38.07 | — | 38.07 |
| | N/kg | 3.79 | — | — | — | 1.06 | — | 1.82 |
| | P/kg | 0.60 | — | — | — | 0.16 | — | 0.27 |

### 2.2.4 影响评价

使用 LCA for Experts 软件进行建模，并将表 2.1 的清单数据输入软件中进行分析。图 2.2 至图 2.8 为基于 LCA for Experts 软件建立的海参育苗环节（室内育苗和网箱育苗）、养殖环节（池塘养殖和底播增殖）和加工环节（半干加工、即食加工和淡干加工）的模型截图。

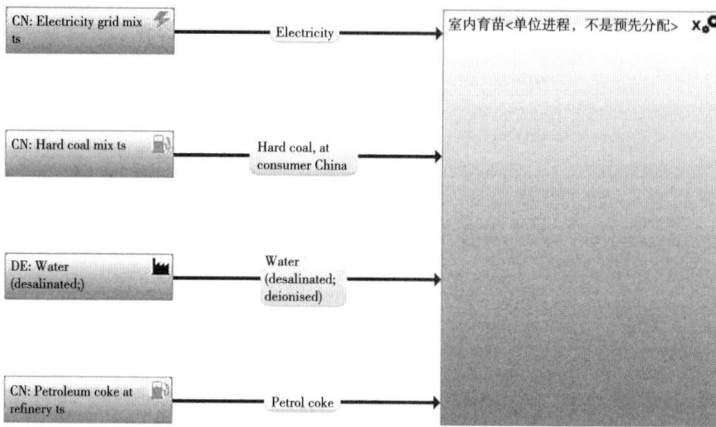

图 2.2　室内育苗环节模型

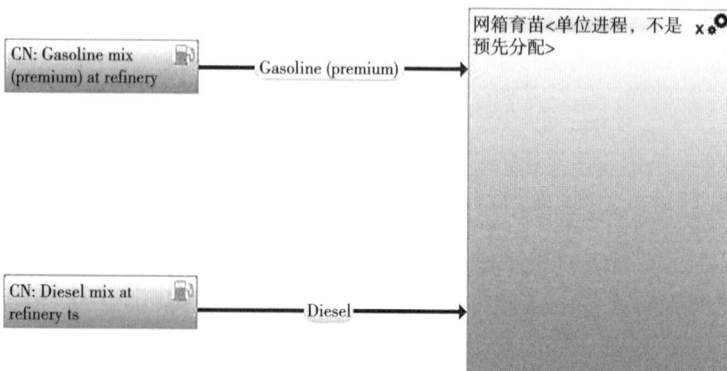

图 2.3　网箱育苗环节模型

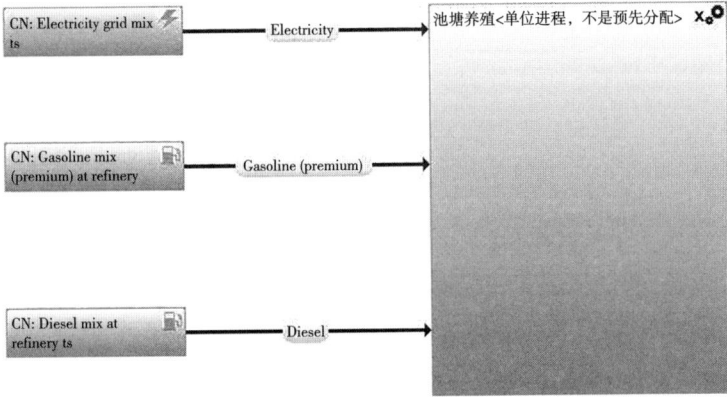

图 2.4　池塘养殖环节模型

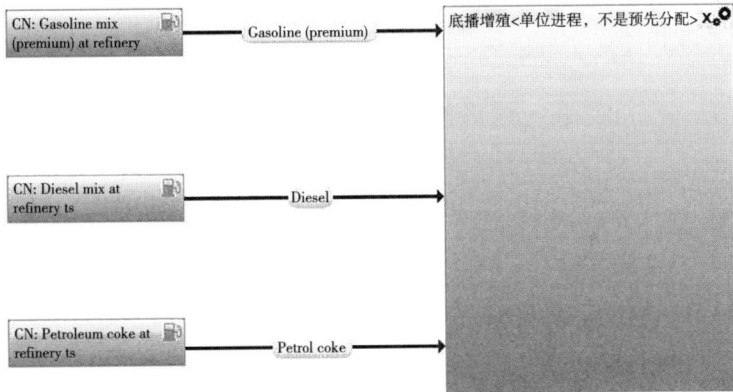

图 2.5　底播增殖环节模型

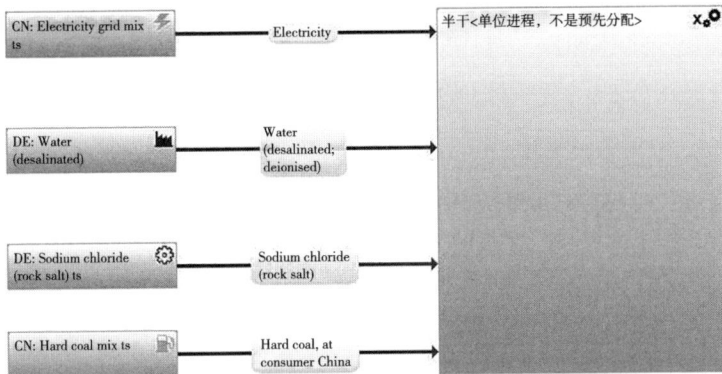

图 2.6　半干加工环节模型

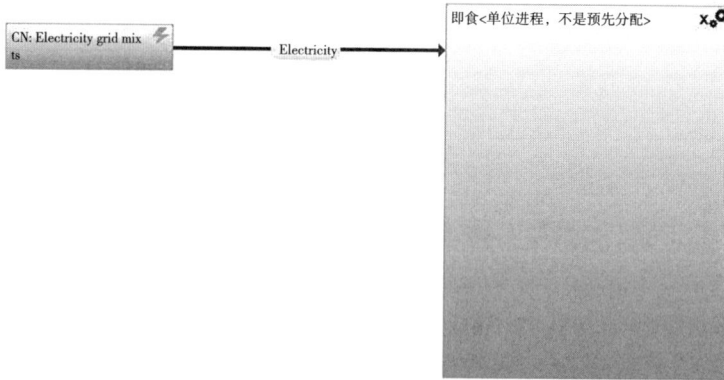

图 2.7　即食加工环节模型

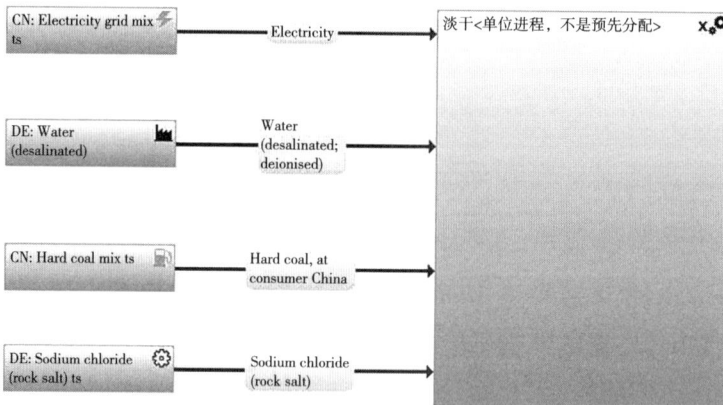

图 2.8　淡干加工环节模型

影响评价是 LCA 方法的核心内容，在这一步骤可选的评价方法包括数据特征化、归一化和加权，其中归一化计算是对各类型指标环境影响潜值的直观体现，不仅可以有效地理解各个指标的相对大小，而且可以识别和量化评估不同系统的环境影响。归一化还可用于检查数据结果的不一致之处，显示不同类型指标结果的相对重要性信息，并为加权或解释等附加步骤做准备，因此归一化是所有 LCA 研究中推荐的计算步骤之一。目前较成熟的归一化计算方法包括 CML-2001、Ecoindicator 99 及 EDIP 97 等，上述方法按评价目的可分为问题导向型和结果导向型[5]，问题导向型的计算方法侧重于从回顾的角度用平均数据描述生产系统的环境影响，结果导向型的方法则主要描述和预测生产系统中环境影响所发生的变化，反映被研究产品可能对未来环境造成的潜在影响[6]。在归一化计算过程中，首先将物质输入输出的量级与特征化因子相乘，得到不同类型指标的特征化结果，而后使用特征化结果除以归一化计算基准值，得到不同类型指标的归一化结果。

本研究采用 CML-2001 评价方法进行归一化计算，该方法是由荷兰莱顿大学环境研究中心于 2001 年开发的一种问题导向型计算方法，以能耗投入、污染产出和生态破坏为主要研究内容，其原理是基于传统生命周期清单的特征化和归一化分析，非常适合对海参行业开展 LCA 的研究，CML-2001 方法的环境影响类型如表 2.2 所示[7,8]。

表 2.2 CML-2001 方法的环境影响类型

| 中文名称 | 环境影响类型 | 缩写 |
|---|---|---|
| 非生物资源消耗潜值（元素） | Abiotic depletion potential (elements) | $ADP_e$ |
| 非生物资源消耗潜值（化石） | Abiotic depletion potential (fossil) | $ADP_f$ |
| 酸化潜值 | Acidification potential | AP |
| 富营养化潜值 | Eutrophication potential | EP |
| 淡水水生生态毒性潜值 | Freshwater aquatic ecotoxicity potential | FAETP |
| 全球变暖潜值 | Global warming potential | GWP |
| 人类毒性潜值 | Human toxicity potential | HTP |
| 海洋水生生态毒性潜值 | Marine aquatic ecotoxicity potential | MAETP |
| 臭氧层消耗潜值 | Ozone layer depletion potential | ODP |
| 光化学烟雾形成潜值 | Photochemical ozone creation potential | POCP |
| 陆地生态毒性潜值 | Terrestrial ecotoxicity potential | TETP |

## 2.2.5 结果解释与改进措施

### 2.2.5.1 特征化结果

为了比较不同生产模式对环境影响的贡献，本章节使用 LCA for Experts 软件计算了海参室内育苗、网箱育苗、池塘养殖、底播增殖、半

干加工、即食加工以及淡干加工的 LCA 特征化结果，如表 2.3 所示。图
2.9 揭示了海参各个生产模式对环境影响的贡献。

表 2.3　海参各个生产模式的特征化结果

| 环境影响<br>类型 | 生产模式 | | | | | | |
|---|---|---|---|---|---|---|---|
| | 室内育苗 | 网箱育苗 | 池塘养殖 | 底播增殖 | 半干加工 | 即食加工 | 淡干加工 |
| $ADP_e$<br>（kg Sb-eq＊） | 5.55E-02 | 3.92E-05 | 8.87E-03 | 1.26E-03 | 2.67E-02 | 3.82E-05 | 2.78E-02 |
| $ADP_f$<br>（MJ） | 3.02E+05 | 1.27E+04 | 1.19E+06 | 4.46E+05 | 2.00E+05 | 5.06E+03 | 2.04E+05 |
| AP<br>（kg $SO_2$-eq） | 4.97E+01 | 1.75E+00 | 3.46E+02 | 6.48E+01 | 3.76E+01 | 1.49E+00 | 3.84E+01 |
| EP<br>（kg Phos<br>phate-eq） | 1.53E+01 | 3.35E-01 | 3.34E+01 | 1.27E+01 | 8.08E+00 | 1.42E-01 | 8.86E+00 |
| FAETP<br>（kg DCB-eq） | 4.45E+01 | 7.58E+00 | 1.59E+02 | 2.65E+02 | 1.17E+01 | 6.17E-01 | 1.25E+01 |
| GWP<br>（kg $CO_2$-eq） | 3.05E+04 | 9.73E+02 | 1.18E+05 | 3.76E+04 | 2.11E+04 | 5.06E+02 | 2.14E+04 |
| HTP<br>（kg DCB-eq） | 6.86E+02 | 2.52E+01 | 1.04E+04 | 8.82E+02 | 5.62E+02 | 4.51E+01 | 5.84E+02 |
| MAETP<br>（kg DCB-eq） | 8.99E+05 | 1.63E+04 | 1.13E+07 | 5.66E+05 | 5.51E+05 | 4.91E+04 | 5.79E+05 |
| ODP<br>（kg R11-eq） | 1.89E-10 | 1.16E-13 | 6.30E-10 | 3.85E-12 | 3.42E-11 | 2.74E-12 | 3.83E-11 |
| POCP<br>（kg Ethene-<br>eq） | 4.14E+00 | 1.52E-01 | 4.03E+01 | 5.52E+00 | 3.40E+00 | 1.74E-01 | 3.48E+00 |
| TETP<br>（kg DCB-eq） | 3.33E+01 | 3.82E-01 | 1.11E+02 | 1.27E+01 | 7.68E+00 | 4.82E-01 | 8.40E+00 |

---

　＊ 当量（Equivalent，eq）为非法定计量单位。物质的量（$n$）与当量（$N$）之间以当量数（$Z$）
换算，换算公式为 $N＝n×Z$。

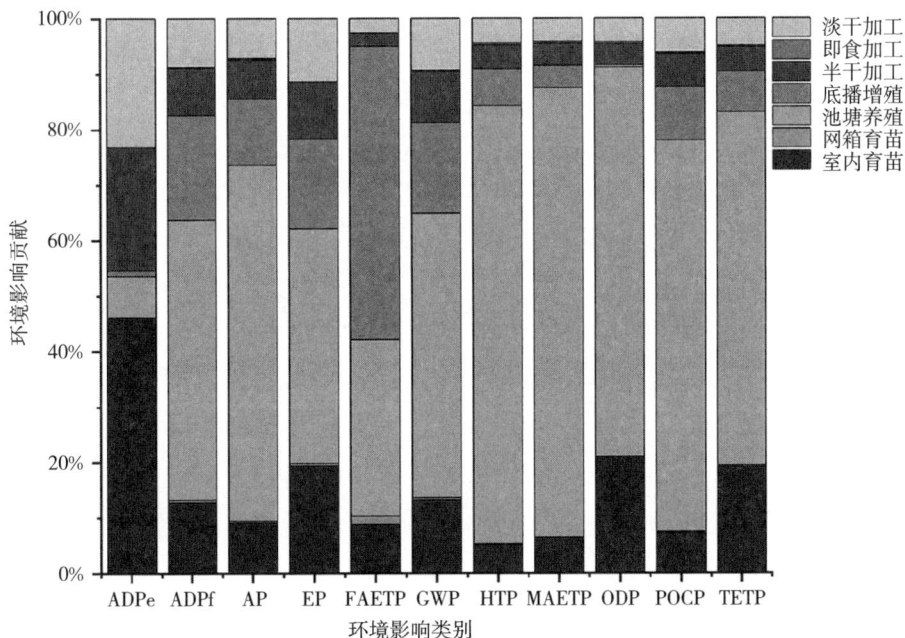

图 2.9 特征化结果的环境贡献分析

结果显示，网箱育苗和即食加工在海参生命周期的环境影响贡献中占比相对较小，而池塘养殖对海参生命周期的环境影响贡献起关键作用，在 $ADP_f$（50%）、AP（64%）、EP（42%）、GWP（51%）、HTP（79%）、MAETP（81%）、ODP（70%）、POCP（70%）和 TETP（64%）中环境影响贡献最大。此外，室内育苗在 $ADP_e$ 中的贡献最大，占到 46%；底播增殖在 FAETP 中的贡献最大，占到 53%。

### 2.2.5.2 归一化结果

LCA 归一化计算步骤的公式可以表述为：

$$特征化指标计算结果 = \sum_i m_i \times 特征化因子 \qquad (2.1)$$

$$归一化指标计算结果 = \frac{特征化指标计算结果}{归一化基准值} \qquad (2.2)$$

式中，$m_i$ 表示系统边界内第 $i$ 种物质输入或输出（例如，污染物排放、资源能源消耗、资源能源开采、土地利用等）的量化结果。

利用 LCA for Experts 软件和 CML-IA-Aug. 2016-world 方法计算了 LCA 归一化结果，分析了海参行业不同生产模式的环境影响排序和类别、主要环境问题以及污染防治的机会。由于 $ADP_f$、GWP、MAETP、HTP、EP、AP 这 6 个影响类别与能源使用、碳排放、废水排放、富营养化密切相关，因此作为主要评价指标。其他五个环境影响类别被整合为"其他类别"。

通过数据整理得到海参各个生产模式的环境影响潜值，如表 2.4 所示。可见，海参生产模式中，池塘养殖是环境影响最大的模式，其次是室内育苗模式，最小的是网箱育苗模式。

表 2.4　海参各个生产模式的归一化结果

| 环境影响类型 | 生产模式 | | | | | | |
|---|---|---|---|---|---|---|---|
| | 室内育苗 | 网箱育苗 | 池塘养殖 | 底播增殖 | 半干加工 | 即食加工 | 淡干加工 |
| $ADP_e$ | 1.54E-10 | 1.09E-13 | 2.46E-11 | 3.49E-12 | 7.41E-11 | 1.06E-13 | 7.70E-11 |
| $ADP_f$ | 7.96E-10 | 3.35E-11 | 3.13E-09 | 1.17E-09 | 5.27E-10 | 1.33E-11 | 5.36E-10 |
| AP | 2.08E-10 | 7.33E-12 | 1.45E-09 | 2.71E-10 | 1.58E-10 | 6.24E-12 | 1.61E-10 |
| EP | 9.68E-11 | 2.12E-12 | 2.12E-10 | 8.02E-11 | 5.11E-11 | 8.99E-13 | 5.61E-11 |
| FAETP | 1.88E-11 | 3.21E-12 | 6.72E-11 | 1.12E-10 | 4.94E-12 | 2.62E-13 | 5.32E-12 |
| GWP | 7.23E-10 | 2.30E-11 | 2.80E-09 | 8.90E-10 | 5.00E-10 | 1.20E-11 | 5.07E-10 |
| HTP | 2.66E-10 | 9.76E-12 | 4.03E-09 | 3.42E-10 | 2.18E-10 | 1.75E-11 | 2.26E-10 |
| MAETP | 4.61E-09 | 8.34E-11 | 5.79E-08 | 2.90E-09 | 2.83E-09 | 2.52E-10 | 2.97E-09 |
| ODP | 8.31E-19 | 5.09E-22 | 2.77E-18 | 1.70E-20 | 1.50E-19 | 1.21E-20 | 1.69E-19 |
| POCP | 1.13E-10 | 4.13E-12 | 1.10E-09 | 1.50E-10 | 9.24E-11 | 4.73E-12 | 9.46E-11 |
| TETP | 3.06E-11 | 3.51E-13 | 1.02E-10 | 1.17E-11 | 7.05E-12 | 4.42E-13 | 7.70E-12 |
| 总计 | 7.02E-09 | 1.67E-10 | 7.08E-08 | 5.93E-09 | 4.46E-09 | 3.07E-10 | 4.64E-09 |

图 2.10 的结果表明，在室内育苗阶段 MAETP 是最大的环境影响类型，占该阶段环境影响潜值的 65.67%。育苗过程中要在陆基工厂模拟水域环境，尤其是在苗种越冬期间，需要大量使用煤炭和电力加热育苗海水保持海参生长所需要的水温，同时通过大量海水交换保证育苗水体清洁度，因此电力、煤炭的使用及海水消耗是导致这一评价结果的关键因素。上述资源能源的输入也造成了较高的 $ADP_f$、GWP 和 AP，未被食用的饲料转化为总氮、总磷随废水排放，增加了 EP 和 HTP 的环境影响贡献度。

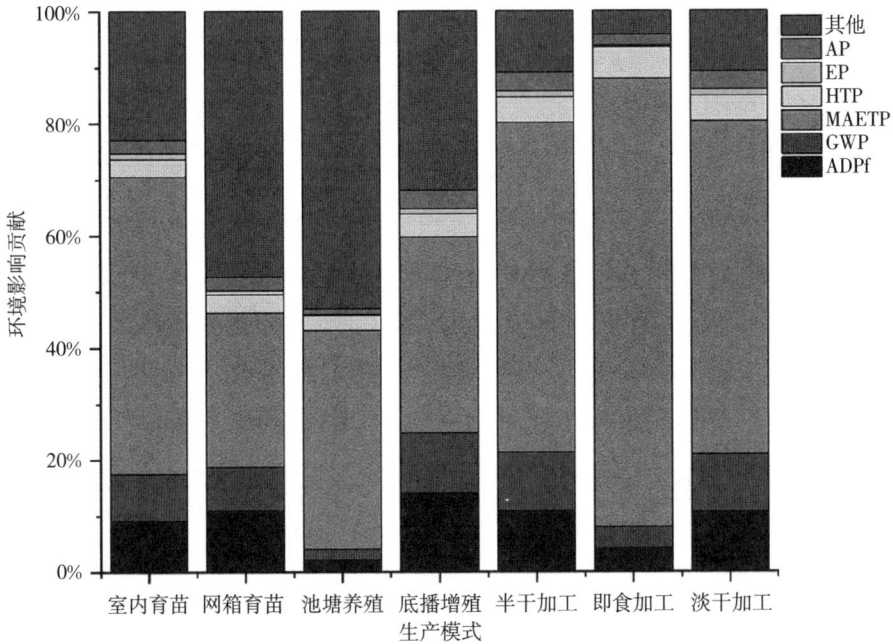

图 2.10 归一化结果的环境贡献分析

与室内育苗技术相比,网箱育苗技术的环境影响潜值降低了97.62%。这一结果证明目前在我国北方地区示范并推广的网箱育苗技术在降低生命周期环境影响方面具有较大的优越性。从网箱育苗技术环境影响潜值对比结果,可以发现在六种主要的环境影响类别中,MAETP 具有最大的环境影响贡献度,占该技术环境影响潜值的 49.94%,是由海参幼苗及其他育苗投入品向指定海域往返运输的过程中,播撒捕捞作业船只和车辆所使用的化石能源所造成。这一因素也导致了较大的 $ADP_f$,化石能源使用过程中所产生的温室气体排放同样造成了较大的 GWP、HTP和 AP。

在池塘养殖阶段中,六种主要的环境影响类别中最大的环境影响类型仍然是 MAETP,占该流程环境影响潜值的 81.78%,原因是大量电力及化石能源的使用。与室内育苗阶段不同,池塘养殖阶段并未大量使用煤炭,仅使用化石燃料为运输车辆和播撒捕捞作业船只提供动力,因此$ADP_f$、GWP 和 AP 的环境影响贡献度较小。

与池塘养殖技术相比,采用底播增殖技术的环境影响潜值降低了

91.62%。这证明目前在我国北方地区广泛使用的底播增殖技术不仅在提高鲜活海参质量方面具有优越性，在降低养殖技术生命周期环境影响方面同样具有较大的优越性。为了详细识别底播增殖技术中环境影响关键因素，继续对其环境影响潜值进行对比分析，可以发现 MAETP 是具有最大贡献度的环境影响类型，占该技术环境影响潜值的 48.90%，原因是较大的化石能源使用量，同时也造成了较大的 $ADP_f$。物料运输及播撒捕捞过程中化石能源使用所产生的大气污染物排放导致了 GWP、AP 及 HTP 的增加，与池塘养殖技术相比，底播增殖技术减少了电力使用量及海水的需求量，但同时也增加了化石能源的消耗。

在海参加工阶段中，MAETP 仍然是贡献度最大的环境影响类型，三种加工模式的 MAETP 分别占环境影响潜值的 63.45%、82.08% 和 64.01%，产生这一结果的主要原因是制冷设备的使用消耗大量电力。回顾海参加工阶段生命周期清单，海参属于易腐水产品，为了保持其新鲜度和保证食品质量，在加工企业收到商业订单之前，海参产品会一直在冷冻仓库中保存，如果在销售过程中面临产品滞销问题，就会导致库存积压，冷冻储存的时间将被延长，将有更高的环境影响潜值。

### 2.2.5.3　改进措施

目前我国北方地区的发电过程主要是火力发电，通过使用清洁能源替代传统的火力发电，同时使用天然气、太阳能代替传统化石能源，可以有效降低海参生产过程环境影响。在室内育苗越冬期间，目前普遍采用电力和燃煤锅炉对海水进行温度调控，该方式经济性差且大气污染物排放量大，将海水源热泵供热技术应用于海参育苗用水的温度调控，能充分发挥其运行费用低和大气污染物排放量小的优势，不仅能有效地降低资源能源的大量消耗，还可以提高海参苗种质量，同样是降低海参生产过程能源消耗的有效改进措施之一[9]。

在降低海水需求量方面，通过建立鱼-虾-贝-藻食物链的立体生态系统养殖模式可以充分利用海水资源，为海参养殖提供天然饲料，同时藻类可以大量吸收氮、磷等无机物，净化水质并减少病害发生，降低养殖尾水中有机物的排放。通过纳滤膜、生物膜及灭菌消毒一体化等现代化水产养殖设施的使用，对养殖海水进行循环处理使其达到回用标准循环利用，可以有效降低海水需求量[10]。微生态制剂作为一种活菌制剂不仅能有效降低水体中氮、磷的含量，还能提高氧含量，在海参室内育苗和池塘养殖阶段也是降低海水需求量的有效途径之一[11]。

海参内脏及水煮液中含有多种营养成分和活性物质，然而这些加工副产品大多被直接运往城市垃圾处理厂与城市废弃物一起处置。目前的研究指出[12-14]，海参内脏及海参水煮液的回收利用对于整个海参加工业都具有巨大的经济价值和环境效益。

## 2.3　不确定性分析

在 LCA 研究中，需要输入大量的数据来评估产品或工艺的生命周期环境影响。然而，被评价对象在不同系统边界、不同技术水平、不同数据获取渠道和不同能源效率的影响下，其评价结果存在一定的不确定性[15]。因此，LCA 研究鼓励使用统计方法来分析评价结果的不确定性。Hung 和 Ma 研究发现，基于概率分布的蒙特卡罗模拟可以用来量化可变性和不确定性，通过运行多次模拟，获得评估结果的分布，揭示不确定性的影响[16]。因此，本章节采用 Crystal ball 数值模拟软件对海参生产过程与技术的全部生命周期输入输出清单数据进行蒙特卡罗模拟分析，统计假设采用三角分布模型，模拟次数为 10000 次，置信区间设置为 95%。从模拟结果来看，不确定度区间的趋势相近，各阶段的总体排名无变化（表 2.5）。

表 2.5　蒙特卡罗模拟结果

| 生产技术 | 评价结果 | 蒙特卡罗模拟结果 | | |
| --- | --- | --- | --- | --- |
| | | 95%置信区间 | 平均值 | 标准偏差 |
| 室内育苗 | 7.02E-09 | 6.92E-09~7.12E-09 | 7.02E-09 | 7.17E-11 |
| 网箱育苗 | 1.67E-10 | 1.65E-10~1.69E-10 | 1.67E-10 | 1.74E-12 |
| 池塘养殖 | 7.08E-08 | 6.98E-08~7.17E-08 | 7.08E-08 | 7.20E-10 |
| 底播增殖 | 5.93E-09 | 5.85E-09~6.01E-09 | 5.93E-09 | 5.92E-11 |
| 半干加工 | 4.46E-09 | 4.40E-09~4.52E-09 | 4.46E-09 | 4.56E-11 |
| 即食加工 | 3.07E-10 | 3.03E-10~3.11E-10 | 3.07E-10 | 3.15E-12 |
| 淡干加工 | 4.64E-09 | 4.58E-09~4.71E-09 | 4.64E-09 | 4.77E-11 |

表 2.5 的结果表明，本研究中海参生产过程的各阶段、流程及生产技术的生命周期归一化蒙特卡罗模拟结果与 LCA 结果趋势一致，数据采集结果的不确定性并未影响 LCA 的对比结果，环境影响贡献度排名情况并未发生变化，因此证明本研究的生命周期环境影响评价结果具有较高可信度，能够代表现阶段海参生产过程与技术的实际环境影响水平。

## 2.4 本章小结

本章开展了海参行业供应链的 LCA 研究，系统地识别了海参生产不同环节生命周期环境影响的关键因素，对比分析了不同模式下海参行业供应链的生命周期环境影响，解决了海参行业没有生命周期环境影响量化评估对比的问题，为我国海参行业降低资源能源消耗、减少污染物排放以及选择低碳生产技术提供了数据支持。

本章研究的主要结论如下：

（1）在海参行业供应链中，池塘养殖是环境影响潜值最大的模式，MAETP 是环境影响贡献度最大的类型，电力和化石能源的消耗是造成海参行业供应链环境影响的关键因素。提出的环境影响改进措施是调整能源类型，使用天然气、太阳能等清洁能源替代化石能源，使用海水源热泵供热技术应用于海参育苗用水的温度调控，降低能耗及大气污染物的排放，通过建立鱼-虾-贝-藻食物链立体生态系统养殖模式，采用现代化水产养殖设施及使用微生态制剂等措施降低海参生产过程海水需求量，对海参加工中的海参内脏及水煮液进行资源化回收利用。

（2）在传统与生态海参育苗技术 LCA 量化对比中，网箱育苗技术的生命周期环境影响降低了 97.62%，表明网箱育苗技术在降低生命周期环境影响方面具有优越性，是海参育苗的清洁生产技术。在传统与生态海参养殖技术 LCA 量化对比中，底播增殖技术的生命周期环境影响降低了 91.62%，表明底播增殖技术在降低环境影响方面同样具有优越性，是海参养殖的清洁生产技术。上述两种生态技术的环境影响关键因素为化石能源消耗，仍然存在环境影响改进潜力，改进措施均是使用清洁能源代替化石能源为运输车辆和播撒捕捞作业船只提供动力，以此进一步降低生态技术生产过程造成的环境影响。

# 参考文献

[1] 陈文博，郑怀东，刘学光，等．辽宁刺参育苗养殖技术集成［J］．中国水产，2018
（1）：95-97.

[2] 孙阳，刘彤，陈文博，等．刺参海区网箱生态育苗技术［J］．中国水产，2016（12）：
102-104.

[3] 邢坤．刺参生态增养殖原理与关键技术［D］．青岛：中国科学院海洋研究所，2009.

[4] 中华人民共和国农业农村部渔业渔政管理局．中国渔业统计年鉴2022［M］．北京：
中国农业出版社，2023.

[5] Dreyer L. C.，Niemann A. L.，Hauschild M. Z. Comparison of Three Different LCIA
Methods：EDIP97，CML2001 and Eco-indicator 99：Does it matter which one you
choose［J］. The International Journal of Life Cycle Assessment，2003，8（4）：
191-200.

[6] Samuel-Fitwi B.，Schroeder J. P.，Schulz C. System delimitation in life cycle
assessment（LCA）of aquaculture：striving for valid and comprehensive environmental
assessment using rainbow trout farming as a case study［J］. The International Journal
of Life Cycle Assessment，2013，18（3）：577-589.

[7] Guinée J. B.，Gorrée M.，Heijungs R.，et al. Handbook on life cycle assessment
［M］. Dordrecht：Kluwer Academic Publishers，2002：10-55.

[8] Guinee J. B. Handbook on life cycle assessment operational guide to the ISO standards
［J］. The International Journal of Life Cycle Assessment，2002，7（5）：311.

[9] 刘宏昌，胡平放．海水源热泵供热技术在我国沿海海域应用适宜性评价方法［J］．供
热制冷，2018，（10）：26-28.

[10] Song X.，Liu Y.，Pettersen J. B.，et al. Life cycle assessment of recirculating
aquaculture systems：A case of Atlantic salmon farming in China［J］. Journal of
Industrial Ecology. 2019，23（5）：1077-1086.

[11] Tan Q.，Xu H.，Aguilar Z. P.，et al. Safety Assessment and Probiotic Evaluation of
*Enterococcus faecium* YF5 Isolated from Sourdough［J］. Journal of Food Science，
2013，78（4）：587-593.

[12] Zhu Z.，Zhu B.，Ai C.，et al. Development and application of a HPLC-MS/MS
method for quantitation of fucosylated chondroitin sulfate and fucoidan in sea

cucumbers［J］. Carbohydrate Research，2018，466：11-17.

［13］ Zheng W. , Zhou L. , Lin L. , et al. Physicochemical Characteristics and Anticoagulant Activities of the Polysaccharides from Sea Cucumber *Pattalus mollis* ［J］. Marine Drugs，2019，17（4）：198.

［14］ Esmat A. Y. , Said M. M. , Soliman A. A. , et al. Bioactive compounds，antioxidant potential，and hepatoprotective activity of sea cucumber（*Holothuria atra*）against thioacetamide intoxication in rats［J］. Nutrition，2013，29（1）：258-267.

［15］ Von Bahr B. , Steen B. Reducing epistemological uncertainty in life cycle inventory ［J］. Journal of Cleaner Production. 2004，12（4）：369-388.

［16］ Hung M. , Ma H. Quantifying system uncertainty of life cycle assessment based on Monte Carlo simulation ［ J ］. The International Journal of Life Cycle Assessment. 2009，14（1）：19-27.

# 3

# 海参行业清洁生产
# 评价指标体系

# 3.1 引　言

第2章的研究表明，目前海参生产过程主要存在资源能源消耗和水资源需求量大的问题，为了减少和避免污染物的产生、降低海参生产过程环境影响、提高企业资源利用率，在海参行业实施清洁生产是十分必要的，这就需要建立一套基于企业全过程控制管理的清洁生产评价指标体系，识别清洁生产关键节点，强调企业生产过程环境污染控制管理，指导企业解决资源能源消耗、废弃物大量排放、养殖投入品滥用等资源环境问题，为帮助海参生产企业开展清洁生产提供技术支持和实践指导。

本章的研究首先根据我国《清洁生产评价指标体系编制通则（试行稿）》[1]的指导要求及海参行业资源环境问题特点，通过文献检索、国家和地方标准整理、企业现场调研、专家访问等方式及对第2章研究结果的系统总结和归纳，构建包括海参育苗、养殖及加工三个方面的海参行业清洁生产评价指标体系，并将产地适宜性指标纳入海参育苗和养殖业清洁生产评价指标体系中，采用层次分析法计算各个一级、二级指标的权重值，然后选择具有代表性的两家海参生产企业，分别对其海参育苗、养殖及加工三个阶段开展企业清洁生产水平评价的案例研究，根据评价结果确定企业清洁生产等级并提出清洁生产改进措施。通过上述研究可以发掘海参生产企业清洁生产改进潜力，以清洁生产改进措施降低生产过程中的环境影响，促进海参生产企业清洁生产的实施。

## 3.2　海参育苗业清洁生产评价指标体系

### 3.2.1　指标体系技术规范

本节构建的清洁生产评价指标体系的适用范围是我国海参育苗企业，并在指标体系中规定了海参育苗企业清洁生产所要达到的目标和相关技术要求，根据我国《清洁生产评价指标体系编制通则（试行稿）》[1]的规定，海参育苗业清洁生产评价指标体系的组织结构应包含一级指标、二级指标、指标基准值及指标的权重，在该指标体系中引用的国家、地方相关标准及行业技术规范文件如表 3.1 所示。

表 3.1　海参育苗业清洁生产评价指标体系引用标准

| 引用文件编号 | 引用文件名称 |
| --- | --- |
| GB 2733 | 食品安全国家标准鲜、冻动物性水产品[2] |
| GB 13078 | 饲料卫生标准[3] |
| GB 16297 | 大气污染物综合排放标准[4] |
| GB/T 19630 | 有机产品 生产、加工、标识与管理体系要求[5] |
| GB/T 20014.13 | 良好农业规范第 13 部分：水产养殖基础控制点与符合性规范[6] |
| GB/T 24001 | 环境管理体系要求及使用指南[7] |
| NY/T 391 | 绿色食品 产地环境质量[8] |
| NY/T 1514 | 绿色食品 海参及制品[9] |
| NY 5052 | 无公害食品 海水养殖用水水质[10] |
| NY 5070 | 无公害食品 水产品中渔药残留限量[11] |
| NY 5071 | 无公害食品 渔用药物使用准则[12] |
| NY 5072 | 无公害食品 渔用配合饲料安全限量[13] |
| NY 5073 | 无公害食品 水产品中有毒有害物质限量[14] |
| SC/T 0004 | 水产养殖质量安全管理规范[15] |
| SC/T 3035 | 水产品包装、标识通则[16] |
| SC/T 9103 | 海水养殖水排放要求[17] |
| DB 21/T 1878 | 农产品质量安全 刺参人工育苗技术规程[18] |
| DB 21/T 1978 | 刺参海上网箱生态育苗技术规程[19] |
| DB 21/T 2428 | 养殖海水排放标准[20] |

### 3.2.2　一级指标选取说明

根据我国《清洁生产评价指标体系编制通则（试行稿）》[1]的建议首先选择生产工艺及装备指标、资源能源消耗指标、产品特征指标、污染物产生指标、资源综合利用指标及清洁生产管理指标六大类一级指标，其中生产工艺及装备指标的设定为引导海参育苗企业采用先进技术装备、促进技术改造和升级等方面提供指导；资源能源消耗指标的设定为海参育苗企业在减少资源能耗消耗、提高资源能源利用效率等方面提出建议与要求；产品特征指标主要引导企业提高产品质量，保证食品安全及包装材料再利用或资源化利用提出建议与要求；污染物产生指标的设定是从有利于从源头上减少污染物产生、有毒有害物质替代等方面提出要求；针对废弃物资源化利用设定了资源综合利用指标；根据国家相关法律法规要求设定了清洁生产管理指标。

提出并建议将产地适宜性指标作为一个新的一级指标纳入海参育苗业清洁生产评价指标体系中。海参育苗产品的产地地域特点、产地适宜性及产地的清洁程度十分重要，这些因素直接影响到海参苗种的品质、食品安全、生产资源的投入及清洁生产水平，若在海参苗种培育之前产地本身就已遭受了一定程度的污染，那么产出的苗种就不是清洁的，不能称之为绿色食品。目前我国已颁布了多套国家及行业标准来规范农产品产地环境质量，如《绿色食品产地环境质量》[8]和《食用农产品产地环境质量评价标准》[21]；在水产行业清洁生产评价标准中，广西出台的《海水池塘养殖清洁生产要求》[22]及国家发展和改革委员会发布的《淡水养殖行业清洁生产评价指标体系（征求意见稿）》[23]也对水产品的产地选址适宜性做出了明确的规定和要求，但上述两套标准中均未将产地适宜性单独列为一个新的一级指标，这不利于对产地环境质量进行独立准确的评估与识别，因此在海参育苗业清洁生产评价指标体系中将产地适宜性指标设定为一个新的一级指标，以此评价海参育苗企业的产地是否符合国家相关规定和要求，从而使企业清洁生产水平评价的结果更符合海参育苗产品的特点。

### 3.2.3　二级指标及基准值选取说明

指标体系中的各个二级指标的选取步骤是首先通过文献检索、国家及地方标准整理、企业现场调研及第二章研究结果初步拟定，然后通过专家访问及调查问卷的方式筛选并最终确定指标。根据各个一级指标的特点有针对性地选取了 25 个二级指标，并确定每个二级指标的基准值。

（1）产地适宜性指标中二级指标的选择

根据《绿色食品产地环境质量》[8]及《良好农业规范第 13 部分：水产养殖基础控制点与符合性规范》[6]相关内容的要求，选定了包括育苗场地选址适宜性、育苗场地水质及育苗场地设计 3 个二级指标，同时将这 3 个二级指标设定为限定性指标。将育苗场地选址适宜性符合《绿色食品产地环境质量》[8]的相关要求设定为Ⅰ级基准值，将符合《良好农业规范第13部分：水产养殖基础控制点与符合性规范》[6]的相关要求设定为Ⅱ级和Ⅲ级基准值；育苗场地水质应符合《无公害食品 海水养殖用水水质》[10]的相关要求；育苗场地设计遵循有利于管理的原则，包括饵料间、培育间的比例及育苗过程中对光照时间和强度的要求，并保持清洁卫生，避免生物和化学污染。

(2) 生产工艺及装备指标中二级指标的选择

根据海参育苗生产的特点选择育苗工艺、育苗设备、附着基要求及检测设备4个二级指标。第2章研究已证明网箱育苗技术的环境绩效优于传统室内育苗技术，因此在育苗工艺指标中以采用网箱育苗技术，符合《刺参海上网箱生态育苗技术规程》[19]的相关要求为Ⅰ级基准值，以采用室内育苗技术，符合《农产品质量安全 刺参人工育苗技术规程》[18]的相关要求为Ⅱ级和Ⅲ级基准值；育苗设备指标以企业投饵机、增氧机等基本育苗设备配置完备、育苗过程使用机械设备为Ⅰ级基准值，以企业主要育苗设备配置完备，部分育苗过程配备机械设备为Ⅱ级和Ⅲ级基准值；附着基是海参育苗过程中的重要载体，附着基应当选择有利于水体交换和更新，不易腐烂，不污染水质，有利于增加单位水体稚参的附着面积，有利于饵料附着，无毒无害，便于操作、观察和管理的材质，并将附着基的相关要求指标设置为限定性指标；检测设备指标中，以海参育苗企业配备水质检测仪器设备和病害在线诊断系统设定为Ⅰ级基准值，以配备水质检测仪器设备为Ⅱ级基准值，以有简易检测仪器设备为Ⅲ级基准值。

(3) 资源能源消耗指标中二级指标的选择

第2章的研究表明海参育苗过程中主要的资源能源消耗包括电力、化石能源、海水和少量饲料，因此选定了能源使用、海水使用及饲料使用3个二级指标，同时将第2章提出的海参育苗阶段环境影响改进措施纳入指标基准值的设定中，在能源使用指标以使用清洁能源和现代化供热技术降低能源消耗为Ⅰ级基准值，以育苗过程全部使用电力为Ⅱ级基准值，以育苗过程主要使用电力，少量使用化石能源为Ⅲ级基准值；海水使用指标中以选择自然海区进行生态育苗，不单独抽调海水为Ⅰ级基准值，根据《农产品质量安全刺参人工育苗技术规程》[18]中规定的育苗过程换水量和次数限制为Ⅱ级和Ⅲ级基准值；饲料使用指标符合《无公害食品 渔用配合饲料安全限量》[13]的相关要求，并将此指标设定为限定性指标。

（4）产品特征指标中二级指标的选择

选择食品安全水平、苗种规格合格率、感官要求、包装和运输4个二级指标。目前食品安全水平可分为三个等级，分别是有机食品、绿色食品和无公害食品，虽然有机食品在水产行业的发展尚不成熟，但考虑到指标基准值的设定是引导企业提高产品质量，保证食品安全，应当提高食品安全标准，因此食品安全水平指标基准值以海参苗种符合《有机产品生产、加工、标识与管理体系要求》[5]相关要求且产品获得有机食品认证为Ⅰ级基准值，Ⅱ级基准值设定为符合《绿色食品 海参及制品》[9]相关要求且获得国家绿色食品机构认证，Ⅲ级基准值设定为海参苗种产品符合《无公害食品 水产品中有毒有害物质限量》[14]及《无公害食品 水产品中渔药残留限量》[11]中的相关要求，将此指标设定为限定性指标；苗种规格合格率指标应符合《农产品质量安全 刺参人工育苗技术规程》[18]的相关要求；感官要求指标应符合《食品安全国家标准 鲜、冻动物性水产品》[2]的相关要求；包装和运输指标应符合《水产品包装、标识通则》[16]的相关要求。

（5）污染物产生指标中二级指标的选择

海参育苗过程主要产生的污染物包括育苗废水、大气污染物及死亡苗种，因此选择包括废水排放、大气污染物排放及死亡苗种处理3个二级指标，在废水排放指标中将使用微生态制剂及水循环装备等现代化工艺装备和技术对育苗用水循环利用，全过程不外排设定为Ⅰ级基准值，《海水养殖水排放要求》[17]中对养殖废水中化学需氧量、无机氮、无机磷等物质的排放进行了限定，但并未对目前社会上十分关注的废水中农药和抗菌药物设定排放标准，而辽宁省地方标准《养殖海水排放标准》[20]中对马拉硫磷及磺胺噻唑等农药和抗菌药物均设定了明确的排放标准，因此以上述标准中一级和二级水平的相关要求分别对应废水排放指标的Ⅱ级和Ⅲ级基准值；大气污染物排放按照《大气污染物综合排放标准》[4]中的三级标准相关要求对应设定三级基准值；死亡苗种处理指标按照《农产品质量安全 刺参人工育苗技术规程》[18]中的相关要求设定基准值并定为限定性指标。

（6）资源综合利用指标中二级指标的选择

选取废弃物综合利用水平 1 个二级定性指标，以能够采用先进技术全部回收利用海参育苗过程产生的废弃物为I级基准值，II级和III级基准值为部分回收利用育苗过程中产生的废弃物，对排放的废弃物进行无害化处理。

（7）清洁生产管理指标中二级指标的选择

选择环境法律法规标准执行情况、环境管理体系制度、产业政策执行情况、育苗投入品管理、生产过程控制管理、环境信息公开及劳动安全卫生指标 7 个二级指标，并全部设定为限定性指标。环境法律法规标准执行情况要符合国家和地方有关环境法律法规，严格遵守"三同时"管理制度；环境管理体系制度符合《环境管理体系要求及使用指南》[7]相关要求；产业政策执行情况要求符合国家和地方相关产业政策，不使用国家和地方明令淘汰或禁止的落后工艺和设备；育苗投入品管理指标中对海参育苗抗生素及其他药物使用进行了规定，要求海参育苗企业使用饲料的质量、卫生和安全指标符合《饲料卫生标准》[3]的相关要求，渔药应符合《无公害食品 渔用药物使用准则》[12]的相关要求，不使用国家明令禁止的化学药品；生产过程控制管理指标对海参育苗企业清塘及育苗池清淤消毒过程进行了规定，符合《水产养殖质量安全管理规范》[15]有关要求；环境信息公开要求企业按照《企业事业单位环境信息公开办法》公开相关环境信息；劳动安全卫生指标要求企业建立职业健康安全管理体系 OHSMS 18001 为I级基准值，II级和III级基准值为建立安全生产管理相关规定、员工配备口罩手套等劳保用品。

### 3.2.4 指标权重计算及指标体系确定

根据我国《清洁生产评价指标体系编制通则（试行稿）》[1]的建议，在海参育苗业清洁生产评价指标体系中使用层次分析法计算指标权重。该方法作为一种多目标决策方法，可以将定性和定量分析相结合。目前该方法已经广泛应用于多目标决策研究及清洁生产评价指标体系中指标权重确定的研究中[24-28]。其基本步骤是：

（1）建立层次组织结构

按研究的问题要求建立一个能够描述系统关系内容的独立递阶层次组

织结构。

（2）比较因素重要性

通过一对一比较两个因素的相对重要性，由专家根据经验来判断指标相对优劣，采用1～9标度方法给出重要性的比例标度，如表3.2所示，而后逐层构造上一阶层某要素对下一阶层某要素的判断决策矩阵，并按相对重要的程度排布序列。

表3.2  1～9标度法的判断标准

| 重要性级别 | 含义 | 说明 |
| --- | --- | --- |
| 1 | 同样重要 | 两因素比较，具有相同的重要性 |
| 3 | 稍微重要 | 两因素比较，一个因素比另一个稍微重要 |
| 5 | 明显重要 | 两因素比较，一个因素比另一个明显重要 |
| 7 | 非常重要 | 两因素比较，一个因素比另一个重要得多 |
| 9 | 极端重要 | 两因素比较，一个因素比另一个极端重要 |
| 2、4、6、8 | — | 上述相邻判断的中间值 |

（3）一致性检验

通过一致性计算对判断矩阵进行检验，若检验的结果没有通过，则需要对判断结果进行整理并重新邀请专家进行优劣度的打分，反复多次使意见趋于一致，直至通过一致性检验。一致性指标的计算公式可以表述为：

$$CI = \frac{\lambda_{\max} - n}{n - 1} \qquad (3.1)$$

式中，$CI$ 为一致性指标，$\lambda_{\max}$ 为判断矩阵最大特征值，$n$ 为判断矩阵阶数。

随机一致性比率计算公式可以表述为：

$$CR = \frac{CI}{RI} \qquad (3.2)$$

式中，$CR$ 为随机一致性比率，$CI$ 为一致性指标，$RI$ 为平均随机一致性指标。

1～9阶矩阵随机一致性指标 $RI$ 的值如表3.3所示。

表3.3  1~9阶矩阵随机一致性指标值

| $n$ | 1 | 2 | 3 | 4 | 5 | 6 | 7 | 8 | 9 |
|---|---|---|---|---|---|---|---|---|---|
| $RI$ | 0 | 0 | 0.58 | 0.90 | 1.12 | 1.24 | 1.32 | 1.41 | 1.45 |

当一致性结果 $CR<0.1$ 时，判断矩阵结果是可接受的；当一致性结果 $CR>0.1$ 时，判断矩阵不符合要求，需要重新修正判断矩阵的内容，使其一致性结果满足 $CR<0.1$，保证具有满意的一致性。

（4）计算权重结果

对某一阶层的要素与上一阶层的要素进行分析，自下而上地逐层进行整合，最后求得各个指标的权重值。

邀请海参育苗研究专家、清洁生产专家、水产行业政府管理者及海参育苗企业经理组成专家组对海参育苗业清洁生产评价指标体系中一级和二级指标的重要程度分别进行判断，专家意见调查表如附录1所示。以产地适宜性一级指标中3个二级指标的权重计算为例，根据专家打分结果构建的各个指标间重要程度关系判断矩阵及指标归一化结果如表3.4所示。

表3.4  产地适宜性各二级指标判断矩阵及归一化结果

| 项目 | 育苗场地选址适宜性 | 育苗场地水质 | 育苗场地设计 | 归一化结果 |
|---|---|---|---|---|
| 育苗场地选址适宜性 | 1 | 3 | 4 | 0.607 9 |
| 育苗场地水质 | 1/3 | 1 | 3 | 0.272 0 |
| 育苗场地设计 | 1/4 | 1/3 | 1 | 0.119 9 |

然后对判断矩阵结果进行一致性检验，根据计算 $\lambda_{max} = 3.074\ 1$，查表3.3得 $RI = 0.58$，根据公式（3.1）及公式（3.2）可得 $CI = 0.037$，$CR = 0.063<0.1$，表明判断矩阵具有可接受的一致性，因此产地适宜性指标中3个二级指标的权重值可以表述为：

$$W_{产地适宜性} = (0.61\ 0.27\ 0.12) \tag{3.3}$$

其他各个指标权重根据上述方法计算求得，权重计算结果见附录1，全部结果均通过一致性检验。综合上述分析与计算，最终确定的海参育苗业清洁生产评价指标体系中包括7个一级指标，25个二级指标，各二级指标的基准值和各个指标权重计算结果如表3.5所示。

表 3.5　海参育苗业清洁生产评价指标体系

| 一级指标 | 权重值 | 二级指标/单位 | 序号 | 权重值 | I级基准值 | II级基准值 | III级基准值 |
|---|---|---|---|---|---|---|---|
| 产地适宜性指标 | 0.30 | *育苗场地选址适宜性 | 1 | 0.61 | 育苗场地选址符合 NY/T 391 的相关要求 | 育苗场地选址符合 GB/T 20014.13 的相关要求。选择有利于物资、苗种运输清净、无大量浓水注入、无工业、农业和生活污染的海区。宜建于风浪较小的内湾，无浮泥、混浊度较小、透明度大 | 育苗场地选址符合 GB/T 20014.13 的相关要求。选择有利于物资、苗种清净、无大量浓水注入、无工业、农业和生活污染的海区。宜建于风浪较小的内湾，无浮泥、混浊度较小、透明度较大 |
| | | *育苗场地水质 | 2 | 0.27 | 育苗用水经沉淀、多级过滤及生物净化处理、溶解氧大于 5 mg/L、7.6~8.6 | 水质符合 NY 5052 的相关要求，盐度不低于 25 | 盐度不低于 25，pH |
| | | *育苗场地设计 | 3 | 0.12 | 育苗场地设计遵循有利于管理的原则、并保持清洁卫生、育苗过程清洁、避免生物和化学污染 | 育苗场地设计遵循有利于管理的原则，包括饵料间，培育间的比例及育苗过程中对光照时间和强度 | 培育间的比例及育苗过程中对光照时间和强度 |
| 生产工艺及装备指标 | 0.19 | 育苗工艺 | 4 | 0.20 | 采用网箱育苗技术，符合 DB 21/T 1878 的相关要求 | 采用室内育苗技术，符合 DB 21/T 1878 的相关要求 | 采用室内育苗技术，符合 DB 21/T 1878 的相关要求 |
| | | 育苗设备 | 5 | 0.20 | 投饵机、增氧机等基本育苗设备配置完备、育苗过程使用机械设备 | 主要育苗设备配置完备、部分养殖过程配备机械设备 | 主要育苗设备配置完备、部分养殖过程配备机械设备 |
| | | *附着基要求 | 6 | 0.52 | 附着基应当选择有利于水体交换和更新、不易腐烂、有利于饵料附着、稚参的附着面积 | 有利于饵料附着、不污染水体的材质；不易腐烂、无毒无害、便于操作、观察和管理的材质 | 同时有利于增加单位水体 |
| | | 检测设备 | 7 | 0.08 | 配备水质检测设备和病害在线诊断系统 | 配备水质检测仪器设备 | 有简易检测仪器设备 |

（续）

| 一级指标 | 权重值 | 序号 | 二级指标/单位 | 权重值 | I级基准值 | II级基准值 | III级基准值 |
|---|---|---|---|---|---|---|---|
| 资源能源消耗指标 | 0.10 | 8 | 能源使用 | 0.25 | 育苗过程全部使用清洁能源，使用热泵供热等现代设备降低能源消耗 | 育苗过程全部使用电力生产 | 育苗过程主要使用电力，少量使用化石能源 |
|  |  | 9 | 海水使用 | 0.50 | 选择自然海区进行生态育苗，不单独抽调海水 | 符合 DB 21/T 1878 相关要求 | 符合 DB 21/T 1878 相关要求 |
|  |  | 10 | *饲料使用 | 0.25 | 饵料使用天然饵料或人工配合饲料 | 饵料应符合 NY 5072 的相关要求，人工配合饲料 | 符合 NY 5072 的相关要求 |
| 产品特征指标 | 0.19 | 11 | *食品安全水平 | 0.46 | 符合 GB/T 19630 的相关要求，获得我国有机食品认证机构认证并获得认证证书 | 符合 NY/T 1514 的相关要求，获得我国绿色食品认证机构认证并获得认证证书 | 育成苗为无公害产品，符合 NY 5070 及 NY 5073 的相关要求 |
|  |  | 12 | *苗种规格合格率 | 0.14 | ≥95% | ≥93% | ≥90% |
|  |  | 13 | 感官要求 | 0.14 | 海参苗种产品感官要求应符合 GB 2733 的相关要求 |  |  |
|  |  | 14 | 包装和运输 | 0.26 | 苗种包装和运输方法符合 SC/T 3035 的相关要求 |  |  |
| 污染物产生指标 | 0.07 | 15 | 废水排放 | 0.60 | 使用现代化工艺技术和设备对育苗用水循环利用，全过程不外排 | 育苗废水排放全部指标符合 SC/T 9103 及 DB/T 2428 一级标准 | 育苗废水排放全部指标符合 SC/T 9103 及 DB/T 2428 二级标准 |
|  |  | 16 | 大气污染物排放 | 0.20 | 符合 GB 16297 一级标准 | 符合 GB 16297 二级标准 | 符合 GB 16297 三级标准 |
|  |  | 17 | *死亡苗种及处理 | 0.20 | 对育苗期间死亡苗种及时进行无害化处理 | 不对公共环境卫生和育苗水体构成危害 |  |
| 资源综合利用指标 | 0.05 | 18 | 废弃物回收利用水平 | 1.00 | 采用先进技术对育苗过程产生的全部废弃物进行回收利用 | 部分回收利用育苗过程中产生的废弃物，对外排的废弃物进行无害化处理 | 部分回收利用育苗过程中产生的废弃物，对外排的废弃物进行无害化处理 |

（续）

| 一级指标 | 权重值 | 序号 | 二级指标/单位 | 权重值 | I 级基准值 | II 级基准值 | III 级基准值 |
|---|---|---|---|---|---|---|---|
| | | 19 | *环境法律法规标准执行情况 | 0.36 | 符合国家和地方有关环境法律法规，严格遵循"三同时"管理制度，主要污染物排放达到国家和地方排放标准； | 主要污染物排放应达到国家和地方污染物排放总量控制指标 | 废气、废水、噪声等污染物排放总量控制指标 |
| | | 20 | *环境管理体系制度 | 0.14 | 以 GB/T 24001 建立行环境管理体系，并通过第三方认证 | 以 GB/T 24001 建立行环境管理体系 | 以 GB/T 24001 建立并行运环境管理体系 |
| | | 21 | 产业政策执行情况 | 0.14 | 符合国家和地方相关产业政策；不使用国家和地方明令淘汰或禁止的落后工艺和设备 | | |
| 清洁生产管理指标 | 0.10 | 22 | 育苗投入品管理 | 0.08 | 饲料的有关质量、卫生和安全指标符合 GB 13078 的相关要求。工使用化学品必须接受相关培训。化学品应按照说明书在有效期内使用。废弃化学品空容器应安全存放和处置 | | 渔药应符合 NY 5071 的相关要求。员 |
| | | 23 | *生产过程控制管理 | 0.14 | 应符合 SC/T 0004 的相关要求。育苗过程中保持观察，做好病害的预防和控制，饲料投喂量应符合海参育苗技术要求 | 每个育苗周期应对池塘进行清污和修整，育苗过程控制的水深、换水量、稚参密度、日照强度、 | 清污整池后清塘消毒， |
| | | 24 | *环境信息公开 | 0.08 | 按《企业事业单位环境信息公开办法》 | 《企业事业单位环境信息公开办法》《环境保护部令 2014 年第 31 号》公开相关环境信息 | |
| | | 25 | *劳动安全卫生指标 | 0.06 | 建立职业健康安全管理体系 OHSMS 18001 | 建立安全生产管理相关规定。员工配备口罩手套等劳保用品 | 建立安全生产管理相关规定。员工配备口罩手套等劳保用品 |

标 * 表示限制性指标。

## 3.2.5 企业清洁生产评价计算方法

上述指标体系中二级指标主要由定性指标构成，科学合理地将定性指标定量化是选择评价方法过程中需要考虑的重要问题。目前模糊综合评价方法已经广泛应用于定性的清洁生产评价结果的计算中，并已被证实是一种科学合理将定性指标量化的评价方法，因此采用模糊综合评价对海参育苗业清洁生产评价结果进行计算。1965 年，美国专家 Zadeh 教授提出了模糊集合理论的概念，以此来表达被评价事物的不确定性[29]，模糊综合评价方法通过模糊关系合成的原理，能够对不易定量分析的因素进行综合量化评价，具有结果清晰、系统性强的特点，能较好地解决各种不确定性问题[30-33]。运用此方法可以有效地将定性指标进行量化处理，从而得出量化的评价结果。具体计算步骤如下：

(1) 确定被评估内容的因素论域

首先确定被评估内容的因素论域。假设被评估的对象包含 $p$ 个因素（或因子），则被评价对象的指标集可以表达为：

$$U = \{u_1, u_2, \cdots, u_p\} \tag{3.4}$$

式中，$p$ 代表评价指标个数。

(2) 确定评语等级论域

此步骤是要确定模糊综合评价模型的评语等级论域。评语等级论域即评语等级的集合，每一个等级可以对应一个模糊子集。假设评语等级有 $m$ 级，则被评价对象的评语等级论域可以表述为：

$$L = \{L_1, L_2, \cdots, L_m\} \tag{3.5}$$

式中，$m$ 代表评语等级数。

(3) 基于模糊关系构建判断矩阵

构造模糊子集后，对被评价内容进行量化，得到单因素对各等级模糊子集的隶属度，列出模糊关系矩阵，模糊关系矩阵的一般表述形式为：

$$R = \begin{bmatrix} r_{11} & \cdots & r_{1m} \\ \cdots & \cdots & \cdots \\ r_{p1} & \cdots & r_{pm} \end{bmatrix}_{p \times m} \tag{3.6}$$

式中，$r_{pm}$ 表示第 $p$ 个指标对第 $m$ 级的隶属度。

$r_{pm}$的值通过隶属度函数进行计算，指标在不同基准值的隶属度的计算采用专家咨询法，通过发放调查问卷的方式邀请相关专家对企业在各个二级指标中相对指标基准值的隶属度进行打分，最后通过整理汇总和归一化的计算，确定各个二级指标的隶属度，构建模糊关系矩阵。

（4）模糊综合评价

在得到模糊关系判断矩阵后，将矩阵与各个一级指标和二级指标的权重结果相乘，得到模糊综合评价向量 **P**，此步骤可以表述为：

$$\boldsymbol{P}=W\times\boldsymbol{R}=(p_1, \quad p_2, \quad \cdots \quad , \quad p_n), \sum_{i=1}^{n}p_i=1 \quad (3.7)$$

式中，**R** 为模糊关系判断矩阵，**W** 为指标权重。

使用该步骤处理指标体系中的各个二级指标，而一级的计算步骤与二级指标相一致，在一级指标的计算过程中，二级指标的计算结果可以作为已知条件进行计算和处理。

（5）评价结果解释

最大隶属度原理是模糊综合评价结果解释中最常用的方法，然而该原理只能应用于结果的定性分析，无法对比不同因素之间的差异并进行具体的定量评价和分析。采用模糊向量单值化这种结果解释计算方法可以很好解决上述问题，具体做法是将模糊评价向量 **P** 中相应等级的隶属度得分与归一化权重赋值相乘，从而得到单值化结果。

假设归一化权重赋值为 $m$ 个评价等级，则赋值集合 $Q$ 可以表述为：

$$Q=\{q_1, q_2, \cdots, q_m\}, \langle q_1>q_2>\cdots>q_m\rangle \quad (3.8)$$

因此，模糊综合评价向量的归一化计算结果 $V$ 可以表述为：

$$V=\sum_{j=1}^{m}p_j^k \cdot q_j \Big/ \sum_{j=1}^{m}p_j^k(k=1) \quad (3.9)$$

最终，通过对比分析模糊综合评价向量的归一化结果，得出各个一级指标及企业整体的清洁生产评价结果，并根据结果提出具体的清洁生产改进措施。

### 3.2.6　案例研究

（1）案例企业介绍

选择两家大型海参生产企业的育苗阶段作为案例研究对象，企业 X

地处大连市兰店乡，始建于 2002 年 10 月，是集海参育苗、养殖和加工于一体的高新技术企业，是农业部健康养殖示范场，也是国家级农业产业化重点龙头企业，企业总占地面积为 40 km²，建筑面积为 0.2 km²，固定资产总额约为 3 亿元，企业员工约 400 人，聘请国内外技术专家 11 人。在海参育苗阶段中，企业 X 主要采用网箱育苗技术，海参苗种繁育基地约为 80 000 m³ 水体，先后向自然海区投放海参苗种约 50 t。

企业 Y 地处大连市皮口镇，始建于 2001 年 12 月，是主要经营海参育苗、养殖和盐渍加工的大连市知名水产品生产企业，也是农业产业化省级龙头企业，企业总占地面积 36 km²，建筑面积 0.1 km²，固定资产总额约为 1.5 亿元，企业员工约 50 人。在海参育苗阶段，企业主要采用室内育苗技术，海参苗种基地约为 14 000 m³ 水体，先后育成海参苗种约 20 t。

农业产业化龙头企业是在企业规模、企业竞争力、产品产量及经济利润等指标达到规定标准并经农业部认定的农产品生产加工流通企业，包括四个等级：国家级、省级、市级和规模级。企业 X 属于国家级农业产业化龙头企业，企业 Y 属于省级，从农业部对企业认证的角度来看，企业 X 的综合实力高于企业 Y。在对两家案例企业的访问中发现，企业 X 的管理者更注重生产过程的环境影响，针对污染物排放及企业清洁生产管理开展了多项措施，而企业 Y 并未重点关注上述问题。因此初步判断，案例企业实际生产情况为企业 X 优于企业 Y。

（2）确定案例评价对象因素论域

根据 3.2.5 中的海参育苗业清洁生产评价指标体系中一级指标的数量，本案例企业清洁生产水平的评价对象因素论域 $U$ 可以表述为：

$$Q = \{U_1, U_2, U_3, U_4, U_5, U_6, U_7\} \qquad (3.10)$$

而各个一级指标相对于二级指标的评价对象因素论域与上述确定方法一致。

（3）确定案例评语等级论域

根据 3.2.5 中的海参育苗业清洁生产评价指标体系中评价等级的划分，评语等级论域可以分为三级，可以表述为：

$$L = \{L_1, L_2, L_3\} \qquad (3.11)$$

式中，$L_1$ 为国际清洁生产领先水平，$L_2$ 为国内清洁生产先进水平，

$L_3$国内清洁生产一般水平。

（4）建立模糊关系判断矩阵

使用问卷调查方法继续邀请专家组成员对两家海参生产企业育苗阶段各二级指标在三级评语等级中的隶属度进行评分，专家意见评价表见附录2。对各专家打分进行归一化，确定各二级指标在三个评语等级的综合隶属度，案例企业二级指标隶属度归一化结果如表3.6所示。

表 3.6　案例企业二级指标隶属度归一化结果

| 二级指标 | $L_1$ | | $L_2$ | | $L_3$ | |
| --- | --- | --- | --- | --- | --- | --- |
| | 企业 X | 企业 Y | 企业 X | 企业 Y | 企业 X | 企业 Y |
| 育苗场地选址适宜性 | 0.8 | 0.0 | 0.2 | 1.0 | 0.0 | 0.0 |
| 育苗场地水质 | 0.8 | 0.0 | 0.2 | 0.9 | 0.0 | 0.1 |
| 育苗场地设计 | 0.2 | 0.2 | 0.7 | 0.8 | 0.1 | 0.0 |
| 育苗工艺 | 1.0 | 0.0 | 0.0 | 1.0 | 0.0 | 0.0 |
| 育苗设备 | 0.1 | 0.0 | 0.2 | 0.0 | 0.7 | 1.0 |
| 附着基要求 | 0.8 | 0.8 | 0.2 | 0.2 | 0.0 | 0.0 |
| 检测设备 | 0.0 | 0.0 | 0.0 | 0.0 | 1.0 | 1.0 |
| 能源使用 | 0.0 | 0.0 | 0.0 | 0.0 | 1.0 | 1.0 |
| 海水使用 | 1.0 | 0.0 | 0.0 | 0.0 | 0.0 | 1.0 |
| 饲料使用 | 0.9 | 0.7 | 0.1 | 0.3 | 0.0 | 0.0 |
| 食品安全水平 | 0.0 | 0.0 | 0.0 | 0.0 | 1.0 | 1.0 |
| 苗种规格合格率 | 0.0 | 1.0 | 0.0 | 0.0 | 1.0 | 0.0 |
| 感官要求 | 0.4 | 0.7 | 0.6 | 0.3 | 0.0 | 0.0 |
| 包装和运输 | 0.3 | 0.6 | 0.7 | 0.4 | 0.0 | 0.0 |
| 废水排放 | 1.0 | 0.0 | 0.0 | 0.0 | 0.0 | 1.0 |
| 大气污染物排放 | 0.0 | 0.0 | 0.2 | 1.0 | 0.8 | 0.0 |
| 死亡苗种处理 | 0.0 | 0.7 | 0.2 | 0.3 | 0.8 | 0.0 |
| 废弃物回收利用水平 | 0.2 | 0.0 | 0.2 | 0.0 | 0.6 | 1.0 |
| 环境法律法规标准执行情况 | 1.0 | 1.0 | 0.0 | 0.0 | 0.0 | 0.0 |
| 环境管理体系制度 | 0.0 | 0.0 | 1.0 | 1.0 | 0.0 | 0.0 |
| 产业政策执行情况 | 0.0 | 0.0 | 1.0 | 0.8 | 0.0 | 0.2 |
| 育苗投入品管理 | 0.8 | 0.9 | 0.2 | 0.1 | 0.0 | 0.0 |
| 生产过程控制管理 | 1.0 | 1.0 | 0.0 | 0.0 | 0.0 | 0.0 |

| 二级指标 | $L_1$ | | $L_2$ | | $L_3$ | |
|---|---|---|---|---|---|---|
| | 企业 X | 企业 Y | 企业 X | 企业 Y | 企业 X | 企业 Y |
| 环境信息公开 | 0.2 | 0.2 | 0.8 | 0.8 | 0.0 | 0.0 |
| 劳动安全卫生指标 | 0.0 | 0.0 | 0.0 | 0.0 | 1.0 | 1.0 |

根据表 3.6 的结果及公式（3.6）即可得出企业 X 和企业 Y 的一级指标模糊关系判断矩阵，以企业 X 的产地适宜性一级指标为例，其模糊关系判断矩阵可以表述为：

$$R_{X-产地适宜性} = \begin{bmatrix} 0.80 & 0.20 & 0.00 \\ 0.80 & 0.20 & 0.00 \\ 0.20 & 0.70 & 0.10 \end{bmatrix} \qquad (3.12)$$

（5）模糊综合评价结果

将已得到的各个一级指标的模糊关系判断矩阵与指标权重相乘，以产地适宜性一级指标为例，其三个二级指标的权重可以表述为向量：

$$W_{产地适宜性} = (0.61 \ 0.27 \ 0.12) \qquad (3.13)$$

根据计算公式（3.7）即可得出企业 X 和企业 Y 的一级指标模糊综合评价向量，以企业 X 的产地适宜性指标为例，其模糊综合评价向量为：

$$P_{X-产地适宜性} = (0.73 \ 0.26 \ 0.01) \qquad (3.14)$$

两家海参生产企业育苗阶段各个一级指标的模糊综合评价结果如表 3.7 所示。

表 3.7 案例企业一级指标模糊综合评价结果

| 一级指标 | 模糊综合评价向量结果 | |
|---|---|---|
| | 企业 X | 企业 Y |
| 产地适宜性指标 | (0.73 0.26 0.01) | (0.02 0.95 0.03) |
| 生产工艺及装备指标 | (0.64 0.14 0.22) | (0.42 0.30 0.28) |
| 资源能源消耗指标 | (0.73 0.03 0.24) | (0.18 0.08 0.74) |
| 产品特征指标 | (0.15 0.32 0.53) | (0.42 0.18 0.40) |
| 污染物产生指标 | (0.60 0.08 0.32) | (0.14 0.26 0.60) |
| 资源综合利用指标 | (0.20 0.20 0.60) | (0.00 0.00 1.00) |
| 清洁生产管理指标 | (0.58 0.37 0.05) | (0.59 0.33 0.08) |

根据表 3.7 的结果应用公式（3.7）计算两家海参育苗案例企业的清洁生产水平模糊综合评价向量，分别为：

$$P_X = (0.55\ 0.22\ 0.23) \tag{3.15}$$

$$P_Y = (0.25\ 0.43\ 0.31) \tag{3.16}$$

（6）评价结果解释

模糊向量单值化的权重赋值为三个等级，分别是：$q_1$ 为国际清洁生产领先水平，$q_2$ 为国内清洁生产先进水平，$q_3$ 为国内清洁生产一般水平。则根据公式（3.8），赋值集合 $Q$ 可以表述为：

$$Q = \{q_1,\ q_2,\ q_3\} \tag{3.17}$$

为三个等级的权重赋值 $q_1 = 3$，$q_2 = 2$，$q_3 = 1$。通过对赋值的分析得出模糊向量单值化结果区间在 [1，3]。根据这个区间，将三级评价结果单值化得分的范围进行了平均划分，三级评价结果的赋值及得分评价范围如表 3.8 所示。

表 3.8　评语等级、等级赋值及模糊向量单值化结果区间

| 评语等级（$L$） | 等级赋值（$Q$） | 模糊向量单值化结果区间（$V$） |
| --- | --- | --- |
| $L_1$：国际清洁生产领先水平 | 3 | 3.00～2.34 |
| $L_2$：国内清洁生产先进水平 | 2 | 2.33～1.67 |
| $L_3$：国内清洁生产一般水平 | 1 | 1.67～1.00 |

根据公式（3.9），两家海参生产企业育苗阶段的清洁生产综合评价结果分别为：

$$V_X = 2.32 \tag{3.18}$$

$$V_Y = 1.93 \tag{3.19}$$

可见，两家海参生产企业育苗阶段的清洁生产水平均为 $L_2$，即国内清洁生产先进水平，且企业 X 的清洁生产水平高于企业 Y。清洁生产评价结果与前文企业概况中所介绍的企业实际生产情况基本一致，证明本研究所构建的海参育苗业清洁生产评价指标体系具有一定的适用性。

（7）案例企业清洁生产改进措施

根据表 3.7 的结果，对两家海参生产企业育苗阶段一级指标模糊综合评价向量进行单值化计算，并对照表 3.5 确定一级指标的清洁生产评语等

级，计算结果及评价结果如表 3.9 及图 3.1 所示。

表 3.9　案例企业一级指标单值化结果与评语等级对照

| 一级指标 | 企业 X | | 企业 Y | |
| --- | --- | --- | --- | --- |
| | 计算结果 | 评语等级 | 计算结果 | 评语等级 |
| 产地适宜性指标 | 2.71 | $L_1$ | 2.15 | $L_2$ |
| 生产工艺及装备指标 | 2.41 | $L_1$ | 1.75 | $L_2$ |
| 资源能源消耗指标 | 2.47 | $L_1$ | 1.45 | $L_3$ |
| 产品特征指标 | 1.61 | $L_3$ | 2.60 | $L_2$ |
| 污染物产生指标 | 2.28 | $L_2$ | 2.00 | $L_3$ |
| 资源综合利用指标 | 1.60 | $L_3$ | 1.05 | $L_3$ |
| 清洁生产管理指标 | 2.54 | $L_1$ | 2.04 | $L_2$ |

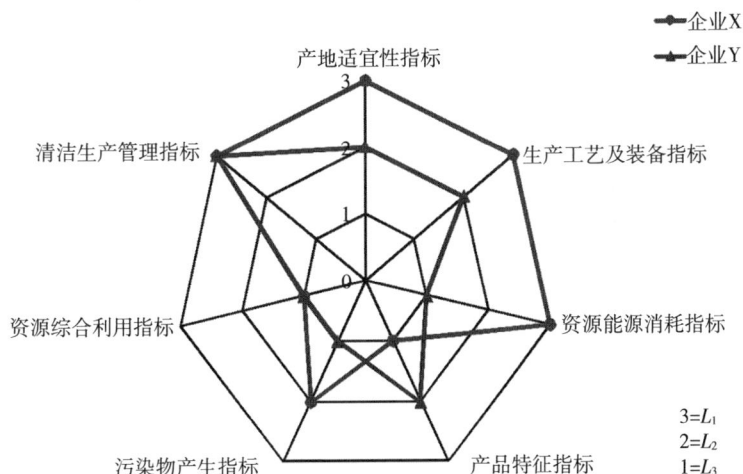

图 3.1　案例企业一级指标清洁生产等级评价结果

　　企业 X 中产品特征指标、资源综合利用指标的清洁生产评价结果均为 3 级，具有较大的清洁生产改进潜力，目前企业 X 的网箱育苗产品尚未获得国家有机食品或绿色食品认证机构的认证证书。此外，由于网箱育苗技术的生产模式为自然放养，因此苗种的成活率对生长环境要求较高，苗种规格同样受海区自然环境的影响较大，均在一定程度上限制了网箱育苗育成苗种在总体投放苗种数量中的比例，因此采用网箱育苗技术应首先对划定海区进行环境评估，将自然灾害等不利环境因素的影响和风险降到最低，从而提高海参苗种的成活率。

企业 Y 中资源能源消耗指标、污染物产生指标及资源能源综合利用指标的清洁生产评价结果均为 3 级，具有较大的清洁生产改进潜力；而这 3 项指标之间也具有一定的关联性：首先由于企业 Y 采用的是室内育苗技术，需要通过不断交换海水保证水体含氧量和清洁度，大大提高了海水的需求量，其次为了保证参苗生长环境和顺利越冬，室内育苗阶段大量使用电力和化石能源保持水温，同样导致了大量资源能源的消耗和大气污染物的产生。

以网箱育苗技术代替室内育苗技术能够有效解决上述资源能源过度消耗的问题，但目前海参育苗企业技术结构的调整尚需时间，因此第 2 章中所提出的调整能源类型，使用现代化工艺技术降低能耗，采用先进设施和微生态制剂降低海水需求量等环境影响改进措施是现阶段室内育苗企业实施清洁生产的有效改进措施。

## 3.3　海参养殖业清洁生产评价指标体系

### 3.3.1　指标体系技术规范

本节构建的清洁生产评价指标体系的适用范围是我国海参养殖企业，并在指标体系中规定了海参养殖企业清洁生产所要达到的目标和相关技术要求。根据我国《清洁生产评价指标体系编制通则（试行稿）》[1]的规定，海参养殖业清洁生产评价指标体系的组织结构应包含一级指标、二级指标、指标基准值及指标的权重。在该指标体系中引用的国家、地方相关标准及行业技术规范文件如表 3.10 所示。

表 3.10　海参养殖业清洁生产评价指标体系引用标准

| 引用文件编号 | 引用文件名称 |
|---|---|
| GB 2733 | 食品安全国家标准　鲜、冻动物性水产品[2] |
| GB 13078 | 饲料卫生标准[3] |
| GB 16297 | 大气污染物综合排放标准[4] |
| GB/T 19630 | 有机产品生产、加工、标识与管理体系要求[5] |

（续）

| 引用文件编号 | 引用文件名称 |
|---|---|
| GB/T 20014.13 | 良好农业规范第 13 部分：水产养殖基础控制点与符合性规范[6] |
| GB/T 24001 | 环境管理体系要求及使用指南[7] |
| NY/T 391 | 绿色食品 产地环境质量[8] |
| NY/T 1514 | 绿色食品 海参及制品[9] |
| NY 5052 | 无公害食品 海水养殖用水水质[10] |
| NY 5070 | 无公害食品 水产品中渔药残留限量[11] |
| NY 5071 | 无公害食品 渔用药物使用准则[12] |
| NY 5072 | 无公害食品 渔用配合饲料安全限量[13] |
| NY 5073 | 无公害食品 水产品中有毒有害物质限量[14] |
| SC/T 0004 | 水产养殖质量安全管理规范[15] |
| SC/T 3035 | 水产品包装、标识通则[16] |
| SC/T 9103 | 海水养殖水排放要求[17] |
| DB 21/T 1879 | 农产品质量安全 刺参池塘养殖技术规程[34] |
| DB 21/T 1979 | 刺参底播增殖技术规范[35] |
| DB 21/T 2428 | 养殖海水排放标准[20] |
| DB 45/T 1062 | 海水池塘养殖清洁生产要求[22] |

### 3.3.2 一级指标选取说明

除《清洁生产评价指标体系编制通则（试行稿）》[1]建议的生产工艺及装备指标、资源能源消耗指标、产品特征指标、污染物产生指标、资源综合利用指标及清洁生产管理指标外，同样提出并建议将产地适宜性指标作为一个新的一级指标纳入海参养殖业清洁生产评价指标体系中，加入这一指标的原因与 3.2.2 中海参育苗业清洁生产评价指标体系选取原因相一致，因此不再赘述。

### 3.3.3 二级指标及基准值选取说明

指标体系中的各个二级指标的选取步骤是首先通过文献检索、国家及地方标准整理、企业现场调研及第二章研究结果初步拟定，然后通过专家访问及调查问卷的方式筛选并最终确定指标，根据各个一级指标的特点有针对性地选取了23个二级指标，并确定每个二级指标的基准值。

（1）产地适宜性指标中二级指标的选择

选择养殖场地选址适宜性、养殖场地水质及养殖场地土壤底质3个二级指标，并全部设定为限定性指标。养殖场地选址适宜性指标中将符合《绿色食品产地环境质量》[8]的相关要求设定为Ⅰ级基准值，将符合《良好农业规范第13部分：水产养殖基础控制点与符合性规范》[6]的相关要求设定为Ⅱ级和Ⅲ级基准值；养殖场地水质应符合《无公害食品 海水养殖用水水质》[10]的相关要求，养殖场地土壤底质应符合《良好农业规范第13部分：水产养殖基础控制点与符合性规范》[6]的相关要求。

（2）生产工艺及装备指标中二级指标的选择

选择养殖工艺、养殖设备及检测装备3个二级指标，第2章的研究已证明底播增殖技术的环境绩效优于传统的池塘养殖技术，因此在养殖工艺指标中以采用底播增殖技术并符合《刺参底播增殖技术规范》[35]相关要求为Ⅰ级基准值，以采用池塘养殖技术并符合《农产品质量安全 刺参池塘养殖技术规程》[34]的相关要求为Ⅱ级和Ⅲ级基准值；养殖设备指标以企业投饵机、增氧机等基本养殖设备配置完备，养殖过程使用机械设备为Ⅰ级基准值，以企业主要养殖设备配置完备，部分养殖过程配备机械设备为Ⅱ级和Ⅲ级基准值；检测设备指标中，以海参养殖企业配备水质检测仪器设备和病害在线诊断系统设定为Ⅰ级基准值，以配备水质检测仪器设备为Ⅱ级基准值，以有简易检测仪器设备为Ⅲ级基准值。

（3）资源能源消耗指标中二级指标的选择

选择苗种质量、能源使用、海水使用及饲料使用4个二级指标，其中苗种质量和饲料使用设定为限定性指标。根据第2章的研究结果，海参养殖过程主要使用资源能源包括电力、化石燃料、海水和少量饲料，同时将第 2 章提出的海参养殖环境影响改进措施纳入指标基准值的设定中。苗种质量指标中将苗种购自具备苗种生产许可证生产企业，并具有国家相关检测部门颁发的苗种质量检测报告设定为基准值；在能源使用指标中，以使用清洁能源和现代化供热技术降低能源消耗为Ⅰ级基准值，以海参养殖过程全部使用电力为Ⅱ级基准值，以海参养殖过程主要使用电力，少量使用化石能源为Ⅲ级基准值；海水使用指标中以选择自然海区进行底播增殖，不单独抽调海水为Ⅰ级基准值，以养殖海水水质符合《无公害食品 海水养殖用水水质》[10]的相关要求并使用自然纳潮方式进行海水交换设定为Ⅱ级基准值，以使用水泵抽取新鲜海水为Ⅲ级基准值；饲料使用指标符合《无公害食品 渔用配合饲料安全限量》[13]的要求。

(4) 产品特征指标中二级指标的选择

选择食品安全水平、感官要求、包装和运输 3 个二级指标，其中食品安全水平设定为限定性指标，该指标的选取原则及基准值选择依据与海参育苗一致，已在 3.2.3 中进行阐述；感官要求指标应符合《食品安全国家标准 鲜、冻动物性水产品》[2]的相关要求；包装和运输指标应符合《水产品包装、标识通则》[16]的相关要求。

(5) 污染物产生指标中二级指标的选择

海参养殖过程污染物的主要来源是养殖尾水和大气污染物的排放，因此选定了养殖尾水排放与大气污染物排放 2 个二级指标，将第 2 章中所提出的使用现代化循环水技术降低养殖尾水排放量这一环境影响改进措施纳入养殖尾水排放指标基准值的设定中，以使用微生态制剂及水循环装备等现代化工艺装备和技术对养殖尾水循环利用，全过程不外排设定为Ⅰ级基准值，同样根据《海水养殖水排放要求》[17]及辽宁省地方标准《养殖海水排放标准》[20]设定基准值，以上述标准中一级和二级水平的相关要求分别对应设定养殖尾水排放指标的Ⅱ级和Ⅲ级基准值；大气污染物排放按照《大气污染物综合排放标准》[4]中的三级标准相关要求设定三级基准值。

(6) 资源综合利用指标中二级指标的选择

选取废弃物综合利用水平 1 个二级指标，将采用先进技术对养殖过程中产生的全部废弃物进行处理并达到回用水平设定为Ⅰ级基准值，以对养殖过程中产生的废弃物进行无害化处理，部分废弃物达到回用水平进行回收利用设定为Ⅱ级和Ⅲ级基准值。

（7）清洁生产管理指标中二级指标的选择

选择环境法律法规标准执行情况、环境管理体系制度、产业政策执行情况、育苗投入品管理、生产过程控制管理、环境信息公开及劳动安全卫生指标7个二级指标，根据国家相关法律法规、产业政策、规范标准分别设定基准值并全部设定为限定性指标。养殖投入品管理指标中对海参养殖药物的使用情况单独进行了规定，要求使用饲料的质量、卫生和安全指标符合《饲料卫生标准》[3]的相关要求，渔药应符合《无公害食品 渔用药物使用准则》[12]的相关要求，不使用国家明令禁止的化学药品，使用高效、低毒、低残留的药物，宜使用生态制剂，禁止使用含有机磷等剧毒农药清洗消毒；生产过程控制管理指标对海参养殖企业池塘清淤消毒过程进行了规定，符合《水产养殖质量安全管理规范》有关要求，每个养殖周期应对池塘进行清污和修整，清污整池后应清塘消毒。

### 3.3.4 指标权重计算及指标体系确定

采用层次分析法计算并确定海参养殖业清洁生产评价指标体系中各个指标的权重，具体的计算步骤与3.2.4中一致，因此不再赘述。向专家组成员发放专家意见调查表（附录1），根据专家对指标重要程度判断矩阵结果对指标权重进行计算，计算结果见附录1，经过数据计算所有指标权重结果满足一致性检验。综合上述分析，最终确定的海参养殖业清洁生产评价指标体系中包括7个一级指标、25个二级指标，各二级指标的基准值和各个指标权重计算结果，如表3.11所示。

表 3.11　海参养殖业清洁生产评价指标体系

| 一级指标 | 权重值 | 序号 | 二级指标/单位 | 权重值 | Ⅰ级基准值 | Ⅱ级基准值 | Ⅲ级基准值 |
|---|---|---|---|---|---|---|---|
| 产地适宜性指标 | 0.26 | 1 | *养殖场地选址适宜性 | 0.63 | 符合 NY/T 391 的相关要求 | 养殖场地应满足 GB/T 20014.14 的相关要求，养殖场地应选择有利于物资运输的地理位置，选择水质清净，无大量淡水注入、无工业、无工业废弃物和生活污染的海区 | 养殖场地选址应满足 GB/T 20014.14 的相关要求，养殖场地应选择有利于物资运输的地理位置，选择水质清净，无大量淡水注入、无工业、农业和生活污染的海区 |
|  |  | 2 | *养殖场地水质 | 0.26 | 养殖场地水源应符合 NY 5052 的相关要求 |  |  |
|  |  | 3 | *养殖场地土壤底质 | 0.11 | 养殖场地土壤底质应符合 GB/T 20014.14 的相关要求，无异色、无异臭物体、异臭 | 无工业废弃物和生活垃圾 | 无大型植物和动 |
| 生产工艺及装备指标 | 0.10 | 4 | 养殖工艺 | 0.54 | 采用底播增殖技术并符合 DB 21/T 1979 的相关要求 | 采用底播增殖技术并符合 DB 21/T 1879 的相关要求 | 采用池塘养殖技术并符合 DB 21/T 1879 的相关要求 |
|  |  | 5 | 养殖设备 | 0.30 | 投饵机、增氧机等基本养殖设备配置完备，养殖过程使用机械设备 | 主要养殖设备配置完备，部分养殖过程配备配套机械设备 | 主要养殖设备配置完备，部分养殖过程配备配套机械设备 |
|  |  | 6 | 检测设备 | 0.16 | 配备水质检测仪器设备在线诊断系统 | 配备水质检测仪器设备并具操作规程 | 有简易检测仪器设备 |
| 资源能源消耗指标 | 0.17 | 7 | *苗种质量 | 0.42 | 符合 DB 45/T 1062 对苗种质量的相关要求 | 并具有国家相关检测部门的相关要求 | 有简易检测部门颁发的苗种质量检测报告 |
|  |  | 8 | 能源使用 | 0.23 | 养殖过程全部使用清洁能源，使用现代工艺降低能源消耗 | 养殖过程全部使用电力 | 养殖过程主要使用电力，少量使用化石能源 |
|  |  | 9 | 海水使用 | 0.23 | 选择自然海区进行底播增殖不单独抽调海水 | 养殖海水水质符合 NY 5052 的相关要求，使用自然纳潮方式进行海水交换 | 养殖海水水质符合 NY 5052 的相关要求，使用水泵抽取新鲜海水 |
|  |  | 10 | *饲料使用 | 0.12 | 饲料使用天然饵料或人工配合饲料，符合 NY 5072 的相关要求 |  |  |

（续）

| 一级指标 | 权重值 | 序号 | 二级指标/单位 | 权重值 | I级基准值 | II级基准值 | III级基准值 |
|---|---|---|---|---|---|---|---|
| 产品特征指标 | 0.05 | 11 | *食品安全水平 | 0.62 | 符合我国GB/T 19630的相关要求、获得我国有机食品认证机构认证并获得认证证书 | 符合NY/T 1514的相关要求、获得我国绿色食品认证机构认证并获得认证证书 | 鲜活海参为无公害产品、符合NY 5070及NY 5073相关要求 |
| | | 12 | 感官要求 | 0.24 | 海参养殖产品应符合GB 2733的相关要求 | 海参养殖产品应符合GB 2733的相关要求 | 海参养殖产品应符合GB 2733的相关要求 |
| | | 13 | 包装和运输 | 0.14 | 鲜活海参的包装和运输方法符合SC/T 3035的相关要求、包装和运输用具应符合国家规定及标准 | 鲜活海参的包装和运输方法符合SC/T 3035的相关要求、包装和运输用具应符合国家对食品包装的相关规定及标准 | 鲜活海参的包装和运输用具应符合国家对食品包装的相关规定及标准 |
| 污染物产生指标 | 0.26 | 14 | 养殖尾水排放 | 0.67 | 使用现代化工艺技术和设备对养殖尾水循环利用、全过程不外排 | 养殖尾水排放全部指标符合SC/T 9103及DB/T 2428一级标准 | 养殖尾水排放全部指标符合SC/T 9103及DB/T 2428二级标准 |
| | | 15 | 大气污染物产生指标 | 0.33 | 符合GB 16297一级标准 | 符合GB 16297二级标准 | 符合GB 16297三级标准 |
| 资源综合利用指标 | 0.10 | 16 | 废弃物回收利用水平 | 1.00 | 采用先进技术对养殖过程中产生的全部废弃物处理并达到回用水平 | 养殖过程中产生的废弃物进行无害化处理、部分废弃物达到回用水平进行回收利用 | 养殖过程中产生的废弃物进行无害化处理、部分废弃物达到回用水平进行回收利用 |
| 清洁生产管理指标 | 0.06 | 17 | *环境法律法规标准执行情况 | 0.36 | 符合国家和地方有关环境法律法规、环境放排放标准；主要污染物排放达到国家和地方排放标准 | 严格遵循"三同时"管理制度、主要污染物排放达应达到国家和地方污染物排放总量控制指标 | 无害化处理，废水、废气、噪声等污染物排放总量控制指标 |
| | | 18 | *环境管理体系制度 | 0.14 | 以GB/T 24001建立运行环境管理体系、并通过第三方认证 | 以GB/T 24001建立并运行环境管理体系 | 以GB/T 24001建立并运行环境管理体系 |
| | | 19 | *产业政策执行情况 | 0.14 | 符合国家和地方相关产业政策 | 不使用国家和地方明令淘汰或禁止的落后产业政策 | 不使用国家和地方明令淘汰或禁止的落后工艺和设备 |
| | | 20 | *养殖投入品管理 | 0.08 | 饲料的有关质量、卫生和安全指标符合GB 13078及NY 5072的相关要求、使用高效、低毒、低残留的药物。购入的化学品应进行登记、并保留发票等相关证明。废弃化学品空容器及过期应在有效期内使用。废弃化学品应按照安全有效期说明书在有效期内使用和处置 | 不使用国家和地方明令淘汰或禁止的药物。宜使用生态制剂。禁止使用含有机磷等剧毒农药清消毒剂。员工使用化学品应受相关培训。废弃化学品空容器及过期应安全放处置和处置 | 渔药使用应符合NY 5071的相关要求。禁止使用含有机磷等剧毒农药清洗消毒剂。员工使用化学品必须接受安全培训。化学品应安全放和处置 |

（续）

| 一级指标 | 权重值 | 序号 | 二级指标/单位 | 权重值 | I级基准值 | II级基准值 | III级基准值 |
|---|---|---|---|---|---|---|---|
| 清洁生产管理指标 | 0.06 | 21 | *生产过程控制管理 | 0.14 | 应符合 SC/T 0004 的相关要求。养殖过程中保持观察，做好病害的预防和控制工作。 | 每个养殖周期应对池塘进行清污和修整。 | 清污整池后应清塘消毒。 |
| | | 22 | *环境信息公开 | 0.08 | 按《企业事业单位环境信息公开办法》（环境保护部令 2014 年第 31 号）公开相关环境信息 | | |
| | | 23 | *劳动安全卫生指标 | 0.06 | 建立职业健康安全管理体系 OHSMSI8001 | 建立安全生产管理相关规定，与污水污泥有直接接触的员工配备口罩手套等劳保用品 | |

标 * 表示限制性指标。

### 3.3.5 企业清洁生产评价计算方法

海参养殖业清洁生产评价指标体系主要由定性指标组成，同样采用模糊综合评价的方法计算清洁生产评价结果，具体的计算步骤已在 3.2.5 中进行了介绍，因此不再赘述。

### 3.3.6 案例研究

（1）案例企业介绍

本节研究选择案例企业 X 和企业 Y 的海参养殖阶段作为研究对象。在海参养殖阶段，企业 X 采用底播增殖养殖技术，底播增殖海域总占地面积约为 30 km²。企业 Y 采用池塘养殖技术，养殖基地占地面积约为 26 km²。两家案例企业在基本情况、生产规模和降低环境影响重视程度已在 3.2.6 中进行了介绍，实际生产情况为企业 X 优于企业 Y。

（2）确定案例评价对象因素论域

根据海参养殖业清洁生产评价指标体系中一级指标的数量，清洁生产水平的评价对象因素论域 $U$ 可以表述为：

$$U = \{U_1, U_2, U_3, U_4, U_5, U_6, U_7\} \qquad (3.20)$$

而各个一级指标相对于二级指标的评价对象因素论域与上述确定方法一致。

（3）确定案例评语等级论域

根据海参养殖行业清洁生产评价指标体系中评价等级的划分，评语等级论域可以分为 3 级，可以表述为：

$$L = \{L_1, L_2, L_3\} \qquad (3.21)$$

式中，$L_1$ 表示国际清洁生产领先水平，$L_2$ 表示国内清洁生产先进水平，$L_3$ 表示国内清洁生产一般水平。

（4）建立模糊关系判断矩阵

使用问卷调查的方法邀请相关领域专家对每一个二级指标在三级评语等级中的隶属度进行评分（附录2）。最后，通过对各专家打分进行计算和归一化，确定各个二级指标在三个评语等级的隶属度并建立模糊关系判断矩阵，整理归一化后的案例企业二级指标隶属度计算结果如表 3.12

所示。

表 3.12　案例企业二级指标隶属度归一化结果

| 二级指标 | $L_1$ | | $L_2$ | | $L_3$ | |
|---|---|---|---|---|---|---|
| | 企业 X | 企业 Y | 企业 X | 企业 Y | 企业 X | 企业 Y |
| 养殖场地选址适宜性 | 0.7 | 0.2 | 0.3 | 0.6 | 0.0 | 0.2 |
| 养殖场地水质 | 0.7 | 0.6 | 0.2 | 0.3 | 0.1 | 0.1 |
| 养殖场地土壤底质 | 0.7 | 0.4 | 0.2 | 0.4 | 0.1 | 0.2 |
| 养殖工艺 | 0.2 | 0.2 | 0.4 | 0.3 | 0.4 | 0.5 |
| 养殖设备 | 0.2 | 0.1 | 0.6 | 0.2 | 0.2 | 0.7 |
| 检测设备 | 0.0 | 0.0 | 0.1 | 0.1 | 0.9 | 0.9 |
| 苗种质量 | 0.0 | 0.0 | 1.0 | 1.0 | 0.0 | 0.0 |
| 能源使用 | 0.0 | 0.0 | 0.6 | 0.3 | 0.4 | 0.7 |
| 海水使用 | 0.1 | 0.1 | 0.4 | 0.7 | 0.5 | 0.2 |
| 饲料使用 | 1.0 | 0.0 | 0.0 | 1.0 | 0.0 | 0.0 |
| 食品安全水平 | 0.6 | 0.6 | 0.4 | 0.4 | 0.0 | 0.0 |
| 感官要求 | 0.9 | 0.7 | 0.1 | 0.3 | 0.0 | 0.0 |
| 包装和运输 | 0.1 | 0.1 | 0.6 | 0.8 | 0.3 | 0.1 |
| 养殖尾水排放 | 0.0 | 0.0 | 1.0 | 1.0 | 0.0 | 0.0 |
| 大气污染物排放 | 0.0 | 0.0 | 1.0 | 1.0 | 0.0 | 0.0 |
| 废弃物回收利用水平 | 0.0 | 0.0 | 0.2 | 0.0 | 0.8 | 1.0 |
| 环境法律法规标准执行情况 | 0.8 | 0.3 | 0.2 | 0.7 | 0.0 | 0.0 |
| 环境管理体系制度 | 0.9 | 0.0 | 0.1 | 0.1 | 0.0 | 0.9 |
| 产业政策执行情况 | 0.9 | 0.7 | 0.1 | 0.3 | 0.0 | 0.0 |
| 养殖投入品管理 | 0.6 | 0.3 | 0.4 | 0.7 | 0.0 | 0.0 |
| 生产过程控制管理 | 0.1 | 0.1 | 0.7 | 0.3 | 0.2 | 0.6 |
| 环境信息公开 | 0.6 | 0.5 | 0.2 | 0.3 | 0.2 | 0.2 |
| 劳动安全卫生指标 | 0.0 | 0.0 | 0.0 | 0.0 | 1.0 | 1.0 |

　　根据表 3.12 的结果及公式（3.6）得出企业 X 和 Y 海参养殖阶段的一级指标模糊关系判断矩阵，以企业 X 的产地适宜性一级指标为例，其模糊关系判断矩阵可以表述为：

$$R_{X-\text{产地适宜性}} = \begin{bmatrix} 0.70 & 0.30 & 0.00 \\ 0.70 & 0.20 & 0.10 \\ 0.70 & 0.20 & 0.10 \end{bmatrix} \quad (3.22)$$

（5）模糊综合评价结果

将已得到的各个一级指标的模糊关系判断矩阵与指标权重相乘，仍然以产地适宜性一级指标为例，其3个二级指标的权重向量可以表述为：

$$W_{\text{产地适宜性}} = (0.63\ 0.26\ 0.11) \quad (3.23)$$

根据计算公式（3.4）即可得出企业 X 和企业 Y 的海参养殖阶段一级指标模糊综合评价向量，以企业 X 的产地适宜性指标为例，其模糊综合评价向量为：

$$P_{X-\text{产地适宜性}} = (0.70\ 0.26\ 0.04) \quad (3.24)$$

两家案例企业养殖阶段各个一级指标的模糊综合评价结果如表 3.13 所示。

表 3.13　案例企业一级指标模糊综合评价结果

| 一级指标 | 模糊综合评价向量结果 | |
| --- | --- | --- |
| | 企业 X | 企业 Y |
| 产地适宜性指标 | （0.70 0.26 0.04） | （0.33 0.50 0.17） |
| 生产工艺及装备指标 | （0.17 0.41 0.42） | （0.14 0.24 0.62） |
| 资源能源消耗指标 | （0.03 0.77 0.20） | （0.02 0.77 0.20） |
| 产品特征指标 | （0.60 0.36 0.04） | （0.56 0.43 0.01） |
| 污染物产生指标 | （0.00 1.00 0.00） | （0.00 1.00 0.00） |
| 资源综合利用指标 | （0.00 0.20 0.80） | （0.00 0.00 1.00） |
| 清洁生产管理指标 | （0.66 0.25 0.10） | （0.29 0.42 0.29） |

根据表 3.13 的结果，应用公式（3.7）计算两家案例企业海参养殖阶段的清洁生产水平模糊综合评价向量，分别为：

$$P_X = (0.28\ 0.55\ 0.17) \quad (3.25)$$

$$P_Y = (0.15\ 0.59\ 0.26) \quad (3.26)$$

（6）评价结果解释

模糊向量单值化的权重赋值与 3.2.6 中一致不再赘述，根据公式（3.9）进行计算，最终两家案例企业海参养殖阶段的清洁生产综合评价结果分别为：

$$V_X = 2.10 \qquad\qquad (3.27)$$
$$V_Y = 1.89 \qquad\qquad (3.28)$$

根据模糊向量单值化结果，两家海参养殖案例企业清洁生产水平均为二级，并且企业 X 的清洁生产水平高于企业 Y。清洁生产评价结果与企业实际生产情况基本一致，证明本节构建的海参养殖业清洁生产评价指标体系具有一定的适用性。

（7）案例企业清洁生产改进措施

根据表 3.13 的结果，对两家案例企业养殖阶段一级指标模糊综合评价向量进行单值化计算，并对照表 3.8 确定一级指标的清洁生产评语等级，计算结果及评价结果如表 3.14 及图 3.2 所示。

表 3.14　案例企业一级指标单值化结果与评语等级对照

| 一级指标 | 企业 X | | 企业 Y | |
|---|---|---|---|---|
| | 计算结果 | 评语等级 | 计算结果 | 评语等级 |
| 产地适宜性指标 | 2.66 | $L_1$ | 2.15 | $L_2$ |
| 生产工艺及装备指标 | 1.74 | $L_2$ | 1.51 | $L_3$ |
| 资源能源消耗指标 | 1.82 | $L_2$ | 1.82 | $L_2$ |
| 产品特征指标 | 2.56 | $L_1$ | 2.54 | $L_1$ |
| 污染物产生指标 | 2.00 | $L_2$ | 2.00 | $L_2$ |
| 资源综合利用指标 | 1.20 | $L_3$ | 1.00 | $L_3$ |
| 清洁生产管理指标 | 2.57 | $L_1$ | 2.02 | $L_2$ |

企业 X 在资源综合利用一级指标中的清洁生产评价结果为 3 级，具有较大的清洁生产改进潜力，目前我国海参养殖业均存在未能对废弃物进行有效资源化利用的问题，清塘过程产生的大量淤泥等固体废弃物被直接堆放到滩涂岸边，海参养殖企业应当建立废弃物处理站，利用热解、厌氧消化等技术处理固体废弃物，制造生物炭或甲烷，使其成为再生资源和能源回用到企业生产过程中。

企业 Y 在资源综合利用和生产工艺及装备两个指标中存在清洁生产改进潜力，除了需要对废弃物进行资源化利用以外，还要提高企业养殖设备的机械化水平。目前企业 Y 仍然采用传统的海参养殖设备和池塘养殖技术，缺乏机械化设备也缺少先进养殖技术，通过采购充氧机、水质在线监测系统、水循环系统等先进设备，可以提高企业 Y 养殖设备的机械化水平，而海水池塘多营养层次生态健康养殖技术、工厂化循环水养殖技术等节能减排技术的使用也可以提高企业 Y 在海参养殖过程中的生产技术先进水平。

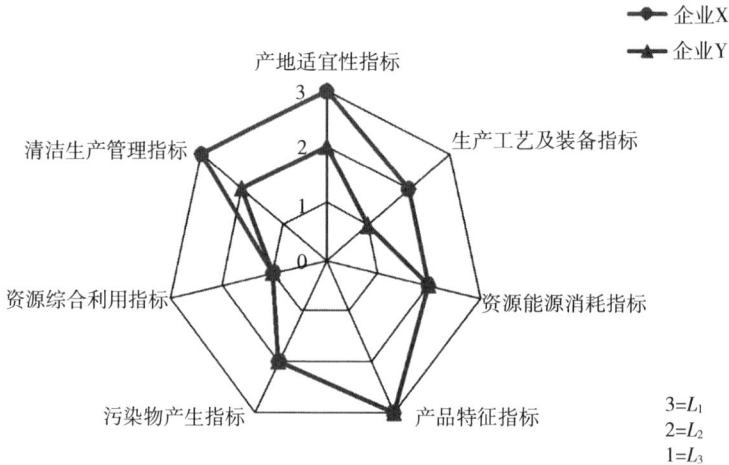

图 3.2　案例企业一级指标清洁生产等级评价结果

# 3.4　海参加工业清洁生产评价指标体系

## 3.4.1　指标体系技术规范

本节构建的清洁生产评价指标体系的适用范围是我国海参加工企业，并在指标体系中规定了海参加工企业清洁生产所要达到的目标和相关技术要求。根据我国《清洁生产评价指标体系编制通则（试行稿）》[1]的规定，海参加工业清洁生产评价指标体系的组织结构应包含一级指标、二级指标、指标基准值及指标的权重。在该指标体系中引用的国家、地方相关标准及行业技术规范文件如表 3.15 所示。

表 3.15　海参加工业清洁生产评价指标体系引用国家标准

| 引用文件编号 | 引用文件名称 |
|---|---|
| GB 2733 | 食品安全国家标准 鲜、冻动物性水产品[2] |
| GB/T 5461 | 食用盐[36] |
| GB 5749 | 生活饮用水卫生标准[37] |
| GB 8978 | 污水综合排放标准[38] |
| GB 16297 | 大气污染物综合排放标准[4] |
| GB/T 19630 | 有机产品 生产、加工、标识与管理体系要求[5] |
| GB/T 24001 | 环境管理体系要求及使用指南[7] |
| GB/T 27304 | 食品安全管理体系 水产品加工企业要求[39] |
| NY/T 391 | 绿色食品 产地环境质量[8] |
| NY/T 1514 | 绿色食品 海参及制品[9] |
| NY 5070 | 无公害食品 水产品中渔药残留限量[11] |
| NY 5071 | 无公害食品 渔用药物使用准则[12] |
| NY 5073 | 无公害食品 水产品中有毒有害物质限量[14] |
| SC/T 3035 | 水产品包装、标识通则[16] |
| SC/T 3215 | 盐渍海参[40] |

### 3.4.2　一级指标选取说明

海参加工业清洁生产评价指标体系中一级指标选择我国《清洁生产评价指标体系编制通则（试行稿）》[1]建议的生产工艺及装备指标、资源能源消耗指标、产品特征指标、污染物产生指标、资源综合利用指标及清洁生产管理指标六大类指标。

### 3.4.3　二级指标及基准值选取说明

指标体系中的各个二级指标的选取步骤是首先通过文献检索、国家及地方标准整理、企业现场调研及第二章研究结果初步拟定，然后通过专家访问及调查问卷的方式筛选并最终确定指标。根据各个一级指标的特点有针对性地选取了 24 个二级指标，并确定每个二级指标基准值的限定标准。

（1）生产工艺及装备指标中二级指标的选择

选择了厂区设置、加工工艺、加工设备及检验设备 4 个二级指标。厂区设置应符合《食品安全管理体系　水产加工企业要求》[39] 的相关要求；加工工艺以在低温条件下进行海参加工，采用具有节能减排效果的加工工艺为Ⅰ级基准值，以在常温条件下进行海参加工，采用具有节能减排效果的加工工艺为Ⅱ级及Ⅲ级基准值；加工设备指标以所有设备配备完备并采用机械化设备为Ⅰ级基准值，以配备冷冻机、淡水蒸馏装置等基本加工设备，并标注操作规程为Ⅱ级及Ⅲ级基准值；检验设备指标为应设置检验部门并配备质量监测设备，对每批盐渍海参产品进行抽样检验。

（2）资源能源消耗指标中二级指标的选择

在资源能源消耗指标中选择鲜海参质量、食盐质量、水资源使用及能源使用 4 个二级指标。鲜海参质量指标应符合《食品安全国家标准　鲜、冻动物性水产品》[2] 的相关要求；食盐质量应符合国家标准《食用盐》[36] 的相关要求；水资源使用指标中加工用水应符合《生活饮用水卫生标准》[37] 的相关要求；能源使用指标以全部加工过程使用清洁能源，采用节能技术设备降低能源消耗为Ⅰ级基准值，以全部加工过程使用电力为Ⅱ级基准值，以加工过程主要使用电力，少量使用化石能源设定为Ⅲ级基准值。

（3）产品特征指标中二级指标的选择

选取蛋白含量、食盐（以 NaCl 计）含量、含水量、感官要求、食品安全水平及包装和运输 6 个二级指标。其中食品安全水平及包装和运输指标基准值的设定与育苗和养殖阶段相同；其余 4 个指标根据《盐渍海参》[40] 对一级品、二级品和合格品的相关要求设定基准值。

（4）污染物产生指标中二级指标的选择

海参加工过程的主要污染物是加工废水及大气污染物，因此选取废水排放及大气污染物排放 2 个二级指标。并根据《污水综合排放标准》[38] 及《大气污染物综合排放标准》[4] 中的三级标准分别对应两个指标的三级基准值。

（5）资源综合利用指标中二级指标的选择

在海参加工过程中可利用的资源主要包括蒸煮液和海参内脏，选取废弃物综合利用水平1个二级指标。以能够采用先进技术对加工过程中产生的海参内脏及水煮液全部回收利用为Ⅰ级基准值，Ⅱ级基准值和Ⅲ级基准值为对加工过程中产生的可利用资源进行无害化处理，对部分废弃物进行回收利用。

（6）清洁生产管理指标中二级指标的选择

本部分选择的7个二级指标与育苗阶段相一致，已在3.2.3中进行阐述，同样根据国家相关法律法规、产业政策、规范标准分别设定基准值。

### 3.4.4 指标权重计算及指标体系确定

采用层次分析法计算并确定海参养殖业清洁生产评价指标体系中各个指标的权重，具体的计算步骤与3.2.4中一致，因此不再赘述。向专家组成员发放专家意见调查表（附录1），根据专家对指标重要程度判断矩阵结果对指标权重进行计算，计算结果见附录1，经过数据计算所有指标权重结果满足一致性检验。综合上述分析，最终确定的海参加工业清洁生产评价指标体系中包括6个一级指标、24个二级指标，各二级指标的基准值和各个指标权重计算结果如表3.16所示。

表 3.16 海参加工工业清洁生产评价指标体系

| 一级指标 | 权重值 | 序号 | 二级指标/单位 | 权重值 | Ⅰ级基准值 | Ⅱ级基准值 | Ⅲ级基准值 |
|---|---|---|---|---|---|---|---|
| 生产工艺及装备指标 | 0.21 | 1 | *厂区设置 | 0.42 | 加工企业厂区内外环境及厂区布局与设计应符合 GB 27304 的相关要求 | | |
| | | 2 | 加工工艺 | 0.23 | 在低温条件下进行海参加工,采用具有节能减排效果的加工工艺 | 在常温条件下进行海参加工,采用具有节能减排效果的加工工艺 | 在常温条件下进行海参加工,采用具有节能减排效果的加工工艺 |
| | | 3 | 加工设备 | 0.23 | 机械分选机、传送机、冷冻机、淡水蒸馏装置等机械加工设备配置完善,标注操作规程 | 配备冷冻机、淡水蒸馏装置等基本加工设备,标注操作规程 | 配备冷冻机、淡水蒸馏装置等基本加工设备,标注操作规程 |
| | | 4 | *检验设备 | 0.12 | 设置检验部门并配备质量监测设备,对每批配备质量检验 | 对每批盐渍海参产品进行抽样检验 | 基本加工设备进行抽样检验 |
| 资源能源消耗指标 | 0.21 | 5 | *鲜海参质量 | 0.23 | 鲜活海参质量应符合 GB 2733 的相关要求,观刺挺拔,无伤残病害,无排脏,杂质少 | 符合 GB 2733 的相关要求,同时满足苗种健壮,活力强,大小均匀,规格整齐,杂质少 | 活力强,大小均匀,规格整齐,外 |
| | | 6 | *食盐质量 | 0.23 | 加工用盐的质量应符合 GB/T 5461 的相关要求 | | |
| | | 7 | *水资源使用 | 0.42 | 加工用水应使用饮用水制备蒸馏水,水质应符合 GB 5749 及 NY/T 391 的相关要求 | | |
| | | 8 | 能源使用 | 0.12 | 全部加工过程使用清洁能源,采用节能技术设备降低能源消耗 | 全部加工过程使用电力 | 加工过程主要使用电力,少量使用化石能源 |
| 产品特征指标 | 0.07 | 9 | *蛋白含量 | 0.12 | ≥12% | ≥9% | ≥6% |
| | | 10 | *食盐含量(以 NaCl 计) | 0.23 | ≤20% | ≤22% | ≤25% |
| | | 11 | *含水量 | 0.23 | ≤65% | ≤65% | ≤65% |

（续）

| 一级指标 | 权重值 | 二级指标/单位 | 序号 | 权重值 | I级基准值 | II级基准值 | III级基准值 |
|---|---|---|---|---|---|---|---|
| 产品特征指标 | 0.07 | 食品安全水平 | 12 | 0.23 | 海参加工产品应符合 GB 19630 的相关要求，获得国有机食品认证机构认证并获得认证证书 | 海参加工产品符合 NY 1514 的相关要求，获得我国绿色食品认证机构认证并获得认证证书 | 海参加工产品为无公害产品，符合 NY 5070 及 NY 5073 的相关要求 |
| | | *感官要求 | 13 | 0.12 | 符合 SC/T 3215 中对一级品的相关要求 | 符合 SC/T 3215 中对二级品的相关要求 | 符合 SC/T 3215 中对合格品的相关要求 |
| | | *包装和运输 | 14 | 0.07 | 海参加工产品应符合 SC/T 3035 的相关要求 | | |
| 污染物产生指标 | 0.32 | 废水污染物排放 | 15 | 0.80 | 符合 GB 8978 一级标准相关要求 | 符合 GB 8978 二级标准相关要求 | 符合 GB 8978 三级标准相关要求 |
| | | 大气污染物排放 | 16 | 0.20 | 符合 GB 16297 一级标准相关要求 | 符合 GB 16297 二级标准相关要求 | 符合 GB 16297 三级标准相关要求 |
| 资源综合利用指标 | 0.07 | 废弃物资源利用水平 | 17 | 1.00 | 采用先进技术对加工过程中产生的海参内脏及水煮液全部回收利用 | 对加工过程中产生的废弃物进行无害化处理，对部分废弃物进行回收利用 | 对加工过程中产生的废弃物进行无害化处理，对部分废弃物进行回收利用 |
| 清洁生产管理指标 | 0.12 | *环境法律法规标准执行情况 | 18 | 0.26 | 符合国家和地方有关环境法律法规，严格遵循 "三同时" 管理制度，废水、废气、噪声等污染物排放应达到国家和地方污染物排放标准 | | |
| | | 环境管理体系制度 | 19 | 0.15 | 以 GB/T 24001 建立并通过第三方认证 | 以 GB/T 24001 建立并运行环境管理体系 | 以 GB/T 24001 建立并运行环境管理体系 |
| | | *产业政策执行情况 | 20 | 0.15 | 符合国家和地方相关产业政策，不使用国家和地方明令淘汰或禁止的落后工艺和设备 | | |
| | | *化学品管理 | 21 | 0.15 | 购入的化学品应进行登记，并保存发票等相关证明。废弃化学品空容器及过期工艺品按照说明书在有效期内使用。员工使用化学品必须接受相关培训。化学品应按后落后工艺和设备存放和处置 | | |

93

（续）

| 一级指标 | 权重值 | 序号 | 二级指标/单位 | 权重值 | Ⅰ级基准值 | Ⅱ级基准值 | Ⅲ级基准值 |
|---|---|---|---|---|---|---|---|
| 清洁生产管理指标 | 0.12 | 22 | 生产过程控制管理 | 0.15 | 海参加工过程中采用具有节能、降耗、减污的各项措施，同时具有完善的生产控制管理制度 | | |
| | | 23 | 环境信息公开 | 0.07 | 按照《企业事业单位环境信息公开办法》（环境保护部令 2014 年第 31 号）公开相关环境信息 | | |
| | | 24 | 劳动安全卫生指标 | 0.07 | 建立职业健康安全管理体系 OHSMS18001 | 建立安全生产管理相关规定，与污水污泥有直接接触的员工配备口罩手套等劳保用品 | 建立安全生产管理相关规定，与污水污泥有直接接触的员工配备口罩手套等劳保用品 |

标 * 表示限制性指标。

### 3.4.5 企业清洁生产评价计算方法

海参加工业虽然涉及的是农业产品，但在我国国民经济行业分类中，海参加工是农副食品加工业大类中的水产品加工，属于工业行业，因此采用《清洁生产评价指标体系编制通则（试行稿）》[1]中所推荐的方法计算清洁生产综合评价指数。

（1）无量纲化

不同清洁生产指标由于量纲不同，不能直接比较，需要建立原始指标的隶属函数，隶属函数公式可以表述为：

$$Y_{g_k(x_{ij})} = \begin{cases} 100, & x_{ij} \in g_k \\ 0, & x_{ij} \notin g_k \end{cases} \qquad (3.29)$$

式中，$x_{ij}$ 表示第 $i$ 个一级指标下的第 $j$ 个二级指标；$g_k$ 表示二级指标基准值，其中 $g_1$ 为 I 级水平，$g_2$ 为 II 级水平，$g_3$ 为 III 级水平；$Y_{g_k(x_{ij})}$ 为二级指标 $x_{ij}$ 对于级别 $g_k$ 的隶属函数，如公式（3.29）所示，若指标 $x_{ij}$ 属于级别 $g_k$，则隶属函数的值为 100，否则为 0。

（2）综合评价指数计算

通过加权平均、逐层收敛可得到评价对象在不同级别 $g_k$ 的得分 $Y_{g_k}$，综合评价指数计算公式为：

$$Y_{g_k} = \sum_{i=1}^{m} \left( w_i \sum_{j=1}^{n_i} \omega_{ij} \, Y_{g_k}(x_{ij}) \right) \qquad (3.30)$$

式中，$w_i$ 为第 $i$ 个一级指标的权重，$\omega_{ij}$ 为第 $i$ 个一级指标下的第 $j$ 个二级指标的权重，其中 $\sum_{i=1}^{m} w_i = 1$，$\sum_{j=1}^{n_i} \omega_{ij} = 1$，$m$ 为一级指标的个数；$n_i$ 为第 $i$ 个一级指标下二级指标的个数。另外，$Y_{g_1}$ 等于 $Y_{\text{I}}$，$Y_{g_2}$ 等于 $Y_{\text{II}}$，$Y_{g_3}$ 等于 $Y_{\text{III}}$。

（3）等级条件

I 级清洁生产水平（国际清洁生产领先水平）应同时满足：$Y_{\text{I}} \geqslant 85$ 且限定性指标全部满足 I 级基准值要求；II 级清洁生产水平（国内清洁生产先进水平）应同时满足：$Y_{\text{II}} \geqslant 85$ 且限定性指标全部满足 II 级基准值要求；III 级清洁生产水平（国内清洁生产一般水平）应满足：$Y_{\text{III}} = 100$。

### 3.4.6 案例研究

(1) 案例企业介绍

选择案例企业 X 和企业 Y 的加工阶段作为案例研究对象。在海参加工阶段，企业 X 主要经营海参精深加工，产品包括盐渍海参、淡干海参及即食海参等，企业设有海参精深加工厂两座，拥有海参制药车间及科研开发基地。

企业 Y 主要产品为盐渍海参，企业设有海参加工厂一座。两家案例企业在基本情况、生产规模和降低环境影响重视程度已在 3.2.6 中进行了介绍，实际生产情况为企业 X 优于企业 Y。

(2) 评价结果

使用问卷调查的方法邀请相关领域专家对每一个二级指标在三级基准值中的隶属度进行评分（附录 2），两家海参加工企业清洁生产水平评价结果如表 3.17 所示。

表 3.17　案例企业清洁生产水平评价结果

| 一级指标 | 二级指标 | 评价等级 | |
| --- | --- | --- | --- |
| | | 企业 X | 企业 Y |
| 生产工艺及装备指标 | *厂区设置 | Ⅰ | Ⅰ |
| | 加工工艺 | Ⅰ | Ⅰ |
| | 加工设备 | Ⅰ | Ⅱ |
| | *检验设备 | Ⅰ | Ⅰ |
| 资源能源消耗指标 | *鲜海参质量 | Ⅰ | Ⅰ |
| | *食盐质量 | Ⅰ | Ⅰ |
| | *水资源使用 | Ⅰ | Ⅰ |
| | 能源使用 | Ⅲ | Ⅲ |
| 产品特征指标 | *蛋白含量 | Ⅰ | Ⅰ |
| | *食盐含量（以 NaCl 计） | Ⅱ | Ⅱ |
| | *含水量 | Ⅰ | Ⅰ |
| | 食品安全水平 | Ⅱ | Ⅱ |
| | *感官要求 | Ⅰ | Ⅱ |
| | *包装和运输 | Ⅰ | Ⅰ |

（续）

| 一级指标 | 二级指标 | 评价等级 | |
| --- | --- | --- | --- |
| | | 企业 X | 企业 Y |
| 污染物产生指标 | 废水排放 | Ⅱ | Ⅱ |
| | 大气污染物排放 | Ⅱ | Ⅱ |
| 资源综合利用指标 | 废弃物资源利用水平 | Ⅰ | Ⅲ |
| 清洁生产管理指标 | *环境法律法规标准执行情况 | Ⅰ | Ⅰ |
| | 环境管理体系制度 | Ⅱ | Ⅱ |
| | *产业政策执行情况 | Ⅰ | Ⅰ |
| | *化学品管理 | Ⅰ | Ⅰ |
| | 生产过程控制管理 | Ⅰ | Ⅰ |
| | 环境信息公开 | Ⅰ | Ⅰ |
| | 劳动安全卫生指标 | Ⅱ | Ⅱ |

根据公式（3.29）及公式（3.30）计算得出企业 X 的Ⅰ级标准对应得分为 59.30 分，不满足Ⅰ级清洁生产水平等级条件，Ⅱ级标准对应得分为 97.48 分，且限定性指标全部满足Ⅱ级基准值要求，符合Ⅱ级清洁生产水平等级条件；企业 Y 的Ⅰ级标准对应得分为 46.83 分，不满足Ⅰ级清洁生产水平等级条件，Ⅱ级标准对应得分为 90.52 分，且限定性指标全部满足Ⅱ级基准值要求，符合Ⅱ级清洁生产水平等级条件。因此，两家海参加工企业清洁生产水平均达到Ⅱ级，即国内清洁生产先进水平，清洁生产评价结果与企业实际生产情况基本一致，证明本节构建的海参加工业清洁生产评价指标体系具有一定的适用性。

（3）案例企业清洁生产改进措施

企业 X 和企业 Y 的能源使用指标均为Ⅲ级，因此企业需要改变能源类型，使用天然气等清洁能源替代化石能源，以此降低能源使用过程产生的环境影响。此外，企业 Y 的评价结果中废弃物资源利用水平的等级为Ⅲ级，与企业 X 不同，企业 Y 的海参内脏等加工筛下物经过无害化处理后直接运往城市废弃物处理站与生活垃圾混合处理，海参水煮液直接排放进入城市污水管网，并未对全部废弃物进行资源化利用。根据现阶段的研究[41-43]，海参内脏可以制作食品和保健品，海参水煮液中的皂苷也具有较高的营养价值，因此海参内脏及海参水煮液的资源利用对于整个海参加工业都具有巨大的经济价值和环境效益。

## 3.5　本章小结

　　本章根据我国《清洁生产评价指标体系编制通则（试行稿）》[1]的指导要求及海参行业资源环境问题特点，构建包括海参育苗、养殖及加工业三个方面的海参行业清洁生产评价指标体系，并将产地适宜性指标纳入海参育苗和养殖业清洁生产评价指标体系中，采用层次分析法确定指标的权重，以大连市两家大型海参生产企业的育苗、养殖及加工阶段为例分别开展了企业清洁生产水平评价实证研究。通过本章的研究为海参生产企业提高清洁生产水平、识别企业清洁生产关键节点及挖掘企业自身清洁生产潜力提供了有效的评价工具和实践指导。

　　本章研究的结论如下：

　　（1）构建包括海参育苗、养殖及加工业三个方面的海参行业清洁生产评价指标体系，均由一级指标、二级指标、指标基准值及指标权重所组成。案例研究结果表明，两家大型海参生产企业育苗阶段的清洁生产评价结果分别为 2.32 和 1.97，养殖阶段清洁生产评价结果分别为 2.10 和 1.89，加工阶段清洁生产综合评价得分分别为 97.48 分和 90.52 分，且限定性指标全部满足Ⅱ级基准值要求，符合Ⅱ级清洁生产水平等级条件，均属于Ⅱ级（国内清洁生产先进水平）。案例企业清洁生产水平较好，但仍然具有一定的清洁生产改进潜力，清洁生产评价结果与企业实际生产情况基本一致，证明本章构建的海参行业清洁生产评价指标体系具有一定的适用性。

　　（2）通过对案例企业各个生产阶段清洁生产关键节点的识别，分别提出了具有针对性的清洁生产改进措施，海参育苗阶段的关键节点为产品特征指标和资源能源消耗指标，改进措施是通过环境风险评估提高苗种成活率及使用清洁能源替代化石能源；海参养殖阶段的关键节点为生产工艺及装备指标和资源综合利用指标，改进措施为改进措施包括使用现代化生态健康养殖技术和提高养殖设备自动化水平；海参加工阶段的关键节点为资源能源消耗指标及资源综合利用指标，改进措施为在改变能源类型的同时提高海参内脏和水煮液等废弃物的资源化利用。

# 参考文献

[1] 中华人民共和国国家发展和改革委员会，中华人民共和国环境保护部，中华人民共和国工业和信息化部. 清洁生产评价指标体系编制通则（试行稿）［EB/OL］. https：//www. baidu. com/link? url＝Ybr＿2yK2eyc6xBmrZT926HHMMMg9L9AJ-AB2r0B5fQGMEF7jf4aO0MIPrr4Lki9x7EHkYyeDt0E7VSxF8SJLaaUeA2VgSpMue-zG5BxOeoAAcmVvalVXB5hVdAqe＿NS-cThxemT-yV0o4du＿zSAGokafo8xazCI2-1wL6HossSbiC&wd＝&eqid＝abe5774a0005beb700000002685226c4

[2] 中华人民共和国国家卫生和计划生育委员会. GB 2733 食品安全国家标准　鲜、冻动物性水产品［S］. 北京：中国标准出版社，2016.

[3] 国家质量监督检验检疫总局，中国国家标准化管理委员会. GB 13078 饲料卫生标准［S］. 北京：中国标准出版社，2017.

[4] 国家环境保护总局. GB 16297 大气污染物综合排放标准［S］. 北京：中国标准出版社，1997.

[5] 国家质量监督检验检疫总局，中国国家标准化管理委员会. GB/T 19630 有机产品 生产、加工、标识与管理体系要求［S］. 北京：中国标准出版社，2011.

[6] 国家质量监督检验检疫总局，中国国家标准化管理委员会. GB/T 20014.13 良好农业规范第 13 部分：水产养殖基础控制点与符合性规范［S］. 北京：中国标准出版社，2013

[7] 国家质量监督检验检疫总局，中国国家标准化管理委员会. GB/T 24001 环境管理体系要求及使用指南［S］. 北京：中国标准出版社，2016.

[8] 中华人民共和国农业部. NY/T 391 绿色食品 产地环境质量［S］. 北京：中国农业出版社，2013.

[9] 中华人民共和国农业部. NY/T 1514 绿色食品 海参及制品［S］. 北京：中国农业出版社，2007.

[10] 中华人民共和国农业部. NY 5052 无公害食品海水养殖用水水质［S］. 北京：中国农业出版社，2001.

[11] 中华人民共和国农业部. NY 5070 无公害食品水产品中渔药残留限量［S］. 北京：中国农业出版社，2002.

[12] 中华人民共和国农业部. NY 5071 无公害食品渔用药物使用准则［S］. 北京：中国农业出版社，2002.

［13］中华人民共和国农业部．NY 5072 无公害食品渔用配合饲料安全限量［S］.北京：中国农业出版社，2002.

［14］中华人民共和国农业部．NY 5073 无公害食品水产品中有毒有害物质限量［S］.北京：中国农业出版社，2006.

［15］中华人民共和国农业部．SC/T 0004 水产养殖质量安全管理规范［S］.北京：中国农业出版社，2006.

［16］中华人民共和国农业农村部．SC/T 3035 水产品包装、标识通则［S］.北京：中国农业出版社，2018.

［17］中华人民共和国农业部．SC/T 9103 海水养殖水排放要求［S］.北京：中国农业出版社，2007.

［18］辽宁省质量监督总局．DB 21/T 1978 刺参海上网箱生态育苗技术规程［S］.沈阳，2012.

［19］辽宁省质量监督总局．DB 21/T 1878 刺参人工育苗技术规程［S］.沈阳，2011.

［20］辽宁省质量监督总局．DB 21/T 2428 养殖海水排放标准［S］.沈阳，2015.

［21］国家环境保护总局．HJ/T 332 食用农产品产地环境质量评价标准［S］.北京：中国标准出版社，2006.

［22］广西壮族自治区质量技术监督局．DB 45/T 1062 海水池塘养殖清洁生产要求［S］.南宁：2014.

［23］中华人民共和国国家发展和改革委员会，淡水养殖行业清洁生产评价指标体系（征求意见稿）［EB/OL］. http：//www. ndrc. gov. cn/zwfwzx/tztg/201907/t20190712 _ 941422. html.

［24］Ishizaka A.，Labib A. Review of the main developments in the analytic hierarchy process［J］. Expert Systems with Applications. 2011，38（11）：14336-14345.

［25］Wang Q.，Han R.，Huang Q.，et al. Research on energy conservation and emissions reduction based on AHP-fuzzy synthetic evaluation model：A case study of tobacco enterprises［J］. Journal of Cleaner Production，2018，201：88-97.

［26］Bai S.，Hua Q.，Cheng L. J.，et al. Improve sustainability of stone mining region in developing countries based on cleaner production evaluation：Methodology and a case study in Laizhou region of China［J］. Journal of Cleaner Production，2019，207：929-950.

［27］Kwong C. K.，Bai H. A fuzzy AHP approach to the determination of importance weights of customer requirements in quality function deployment［J］. Journal of Intelligent Manufacturing，2002，13（5）：367-377.

［28］ Forman E.，Peniwati K. Aggregating individual judgments and priorities with the analytic hierarchy process ［J］. European Journal of Operational Research，1998，108 (1)：165-169.

［29］ Zhang K.，Si B. F. The Application of Fuzzy Comprehensive Evaluation Method Based on AHP on the Distribution of Rail Transport ［J］. Applied Mechanics and Materials，2014，488-489：1379-1382.

［30］ Wang X.，Zhang H.，Li M.，et al. Research on Interference Optimization Mechanism of Wireless Routing Signal Transmission Based on Fuzzy Comprehensive Evaluation Method ［J］. International Journal of Online Engineering，2017，13（3）：136-148.

［31］ Wang Y.，Yang W.，Li M.，et al. Risk assessment of floor water inrush in coal mines based on secondary fuzzy comprehensive evaluation ［J］. International Journal of Rock Mechanics and Mining Sciences，2012，52：50-55.

［32］ Chu W.，Li Y.，Liu C.，et al. A manufacturing resource allocation method with knowledge-based fuzzy comprehensive evaluation for aircraft structural parts ［J］. International Journal of Production Research，2014，52（11）：3239-3258.

［33］ Stein E. W. A comprehensive multi-criteria model to rank electric energy production technologies ［J］. Renewable and Sustainable Energy Reviews，2013，22：640-654.

［34］ 辽宁省质量监督总局. DB 21/T 1879 农产品质量安全 刺参池塘养殖技术规程 ［S］. 沈阳，2011.

［35］ 辽宁省质量监督总局. DB 21/T 1979 刺参底播增殖技术规范 ［S］. 沈阳，2012.

［36］ 中华人民共和国国家质量监督检验检疫总局，中国国家标准化管理委员会. GB/T 5461 食用盐 ［S］. 北京：中国标准出版社，2017.

［37］ 中华人民共和国卫生部，中国国家标准化管理委员会. GB 5749 生活饮用水卫生标准 ［S］. 北京：中国标准出版社，2007.

［38］ 国家环境保护总局. GB 8978 污水综合排放标准 ［S］. 北京：中国标准出版社，1998.

［39］ 中华人民共和国国家质量监督检验检疫总局，中国国家标准化管理委员会. GB/T 27304 食品安全管理体系水产加工企业要求 ［S］. 北京：中国标准出版社，2008.

［40］ 中华人民共和国农业部. SC/T 3215 盐渍海参 ［S］. 北京：中国农业出版社，2014.

［41］ Ferreira N. S.，Oliveira L. H. B.，Agrelli V.，et al. Bioaccumulation and acute toxicity of As（Ⅲ）and As（Ⅴ）in Nile tilapia（*Oreochromis niloticus*） ［J］. Chemosphere. 2019，217：349-354.

[42] Guimarães A. T. B., Silva De Assis H. C., Boeger W. The effect of trichlorfon on acetylcholinesterase activity and histopathology of cultivated fish *Oreochromis niloticus* [J]. Ecotoxicology and Environmental Safety. 2007，68 (1)：57-62.

[43] Lu J., Zhang M., Lu L. Tissue Metabolism，Hematotoxicity，and Hepatotoxicity of Trichlorfon in *Carassius auratus gibelio* After a Single Oral Administration [J]. Frontiers in Physiology. 2018，9.

# 4

# 海参行业绿色供应链网络设计

# 4.1  引　　言

目前海参行业供应链中存在的问题与不足包括两个方面：一是缺少合作伙伴筛选机制，导致海参生产供应链上下游企业间呈现碎片化和零散化的短期合作关系；二是缺乏环境绩效优化机制，导致企业间未能通过环境绩效的系统优化共同进行绿色生产和绿色制造。海参生产企业需要在供应链上下游企业中筛选环境绩效最优的合作伙伴，通过建立长期稳定的合作关系来共同提升环保意识，促进整个供应链环境与经济绩效的协调发展。这需要将实施清洁生产的范围从企业内部扩展到各个生产企业共同参与的供应链中，对所有参与企业生命周期生产过程环境绩效、经济绩效及生产绩效进行系统评价，而后通过筛选区域内潜在伙伴企业，确定长期稳定合作关系，构建绿色供应链网络。

针对海参行业供应链中存在的问题与不足，本章研究首先从企业角度建立了海参行业绿色供应链合作伙伴的筛选方法，指导企业选择绿色供应链最佳合作伙伴。然后，从供应链角度构建了基于绿色生产、绿色采购及绿色消费三个要素，节点企业、技术模式及供应职能三个层级，环境、经济及生产三个绩效系统耦合的海参行业绿色供应链网络，以产品产量、综合能耗和产品利润为依据构建了网络优化模型，采用 MOGA 结合M-TOPSIS 计算优化结果，为海参行业构建绿色供应链网络提供技术支持。在案例研究中，以原料采购量和市场需求量作为约束条件，分别设定了 4 种绿色供应链网络优化方案，通过产品环境绩效、经济绩效和生产绩效的系统优化，选取供应链各个职能的最佳成员企业，为海参行业在供应链层面实施清洁生产提供技术支持。

# 4.2  供应链存在的问题与不足

通过专家访问及对多家海参生产企业的实地调研，总结归纳出海参生产供应链网络中存在的问题与不足包括以下两个方面：

（1）缺少合作伙伴筛选机制

海参养殖和加工企业选择供应商主要考虑的是海参产品质量和产品价格，主要考察供应商的基本资质，比如营业执照、苗种生产许可证、海参苗药残检测报告等企业合法性证件，但上述文件均未考虑供应商生产过程的环境绩效，导致目前海参市场尚未建立基于企业实际环境、经济和生产绩效的标准化筛选体系，企业选择绿色供应商没有可靠的评价依据。这一问题造成海参行业供应链各生产企业间的合作均呈现碎片化和零散化的关系，导致企业以短期行为为主，并未形成相互协同的长期合作伙伴关系和供应体系。大多数海参生产企业管理者对长期稳定的合作伙伴关系重要性的认知十分有限，也并未将之纳入企业经营管理体系中。这种短期合作行为意味着海参生产企业在每个生产周期内都可能更换合作伙伴。由于协同合作关系中信息互通的缺失，使一些海参育苗、养殖企业没有固定的销售渠道，产生产品滞销的问题。海参属于易腐水产品，需要冷冻保存，因此滞销问题也直接导致由冷冻所造成的能源过度消耗及生产成本增加。短期行为同时加剧了企业间的竞争，为了提高经济效益，降低企业生产成本和风险，企业只能通过提高化学品的使用量保证海参产品成活率，忽视了药物使用所造成的环境影响。因此，现阶段海参行业供应链中企业合作的模式并不利于整个行业实现清洁生产的目的，企业间必须建立长期稳定的合作伙伴关系。这不仅可以实现共享信息、共担风险、共同获利的目标，而且可以通过绿色改进计划监督和指导供应商以环境绩效为主要目标开发和设计高效的绿色产品，从而通过环保意识的互相监督提高整个供应链的环境绩效，因此，建立绿色供应链合作伙伴筛选方法是十分必要的。

（2）缺少环境绩效整合机制

在整个海参行业层面，海参生产企业间并未形成绿色供应链网络，也缺乏根据产品环境绩效、经济绩效和生产绩效的供应链网络系统优化。在企业内部，海参生产企业仍然以经济效益为企业发展的主要驱动因素，企业管理者缺乏环保意识；在企业外部，由于海参行业绿色供应链网络设计与优化的研究相对较少，企业也缺少相关生产技术与管理政策的支持。海参加工企业作为核心企业在提高自身生产过程环境绩效的同时必须扩大影响范围，选择注重环境绩效的供应商作为长期合作伙伴，并将清洁生产和绿色供应链的理念融入绿色供应链网络设计与优化中，在海参整个生产过程中考虑和强化环境因素，促进经济与环境的协调发展，实现供应链网络综合效益最优。

## 4.3 海参行业绿色供应链合作伙伴筛选方法

通过上述分析，本节建立了一套海参行业绿色供应链合作伙伴的筛选方法，该方法在合作伙伴选择的过程中综合考虑供应商环境、经济和生产绩效，可以为海参加工和养殖企业选择绿色供应链合作伙伴提供评价依据。该方法分为五个操作步骤，分别为区域内潜在合作伙伴的分析、建立合作伙伴选择标准、成立评价小组、评价合作伙伴及签订协议实施合作伙伴关系五个步骤，如图 4.1 所示。

图 4.1 海参行业绿色供应链合作伙伴筛选步骤

（1）区域内潜在合作伙伴的分析

这一步骤对三种海参产品供应商进行调研。为实施海参供应链的绿色管理，企业必须决定是否更换更加环保的供应商作为合作伙伴或是继续与原有供应商共同开展具有针对性的清洁生产改进和改造技术合作。对企业的合作意向和改造意向分别进行走访与交流，根据企业实际合作意愿筛选出区域内符合要求的潜在绿色合作伙伴。

（2）建立合作伙伴评价标准

建立合作伙伴评价标准是海参生产企业选择供应商最为重要的步骤，其中清洁生产水平是企业生产过程产品质量、绿色生产、污染治理及环境管理水平的直观体现，应当将其作为重要的环境绩效评价因素纳入合作伙伴的评价标准中。但是，目前我国并未制定和颁布海参行业的清洁生产评价指标体系，海参生产企业可以选择第 3 章所构建的清洁生产评价指标体系为依据，将初步筛选出具有合作意向的供应商的清洁生产水平、经济绩效和生产绩效等因素相结合，评价供应商企业的综合绩效。针对企业实际生产情况，除考察供应商的基本资质外，还需要考察企业 ISO 认证情况，如产品质量管理体系认证及食品安全管理体系认证等；针对企业经济和生产绩效，目前国内可参考的企业评价标准是深圳市颁布的《绿色供应链企业评价》[1]地方标准。此外，由于部分大型海参加工企业的产品涉及出口贸易及与国际大型零售商的合作，这些企业在选择合作伙伴的过程中也可以根据行业特点和企业需要补充选择其他具有针对性的国际评价标准实现国际接轨，如全球水产养殖联盟（GAA）制定和颁发的最佳水产养殖规范（BAP）认证及英国零售商协会（BRC）制定和颁发的食品技术标准认证等。

（3）成立评价小组

海参生产企业应建立一个评价小组开展对合作伙伴的评估工作，小组成员可以由企业经理、企业内各个部门的管理人员以及外聘的评估专家组成。

（4）评价合作伙伴

该步骤是将经过初步筛选具有合作意愿的海参育苗和养殖企业通过合作伙伴评价标准，运用定性定量评价方法进行逐一评估和筛选，最终按评价结果及企业需求确定合作伙伴。评估筛选的方法多种多样，包括直观判断法、专家咨询法、层次分析法、神经网络算法等，加工企业应按照小组成员能够熟练掌握和运用为原则选择具体的评价与筛选方法，然后按照评估结果对所有潜在合作企业进行排序，最终筛选出综合水平最优的合作伙伴企业。

（5）签订合作协议实施合作伙伴关系

按照评估筛选的结果确定最终的合作伙伴，签订合作协议，达到产品信息互通、共同承担风险、共同赢利的协同发展共赢局面，海参加工企业作为整个供应链的核心也将对合作伙伴的绿色管理和清洁生产提供技术和信息的支持与合作。

# 4.4 海参行业绿色供应链网络设计

本研究首次对海参行业供应链进行了优化设计并构建了优化模型。基于第 2 章的海参行业供应链 LCA 结果，评估各技术模式 GWP，以此作为环境绩效指标。此外，耦合多 MOGA 与 M-TOPSIS，综合考虑了产量、经济和环境效益。本研究选择的约束条件为产品质量平衡、市场需求量和原材料采购量，以此设定了 4 种方案，通过系统优化环境、经济和生产绩效，选取了各供应链职能的最佳企业以及最佳销售比例，为海参行业环境-经济绩效协调发展，以及为其他水产品供应链的绿色优化提供借鉴指导。

一般的供应链包括供应商、制造商、分销商、客户、经销商和回收商，本研究构建的供应链网络包括海参苗种培育企业（原料商）、海参养殖企业（供应商）、海参加工企业（加工商）和海参销售企业（销售商）[2]。室内育苗和网箱育苗属于原料商技术模式；池塘养殖和底播增殖属于供应商技术模式；半干加工、即食加工和淡干加工属于加工商技术模式；大型超市、精品门店以及电商销售属于销售商。其中，海参行业的供应链流程包括供应商从原料商处获得海参苗种。加工商将从供应商处获得的鲜活海参加工为不同类型的海参产品并分销给不同的销售商，如图 4.2 所示。

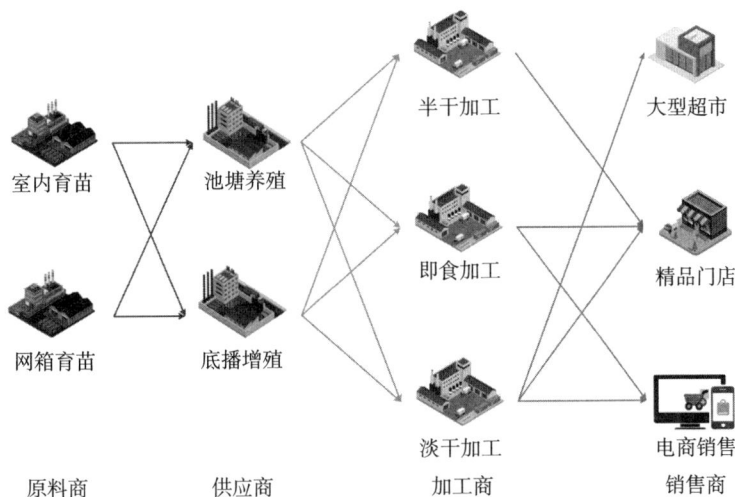

图 4.2　案例企业供应链网络

本研究旨在降低供应链网络各环节产生的环境影响，找到经济绩效与环境绩效的最佳平衡点。该模型包括三个目标，涵盖了可持续能力的 3 个方面[3,4]。产量目标可以根据《中国渔业统计年鉴》中已有的数据进行简单建模和计算。经济目标可以根据文献和已有的调研工作相结合进行简单建模和计算。环境目标的估算和建模则是一项艰巨而复杂的任务，因为在供应链管理方面对于海参行业环境影响定量分析的文献和现有经验很少[5,6]。因此，针对海参行业特点，选取 GWP 作为评估指标并对其数据质量进行评估。拟议的模型如下：

在生产层面，产品产量被设定为生产绩效的考量因素，以直观反映企业生产能力和生产规模。本研究以海参产品在一个生产周期中的实际产量为基础，从技术模式、节点企业和供应职能层级三个层面对海参产品的综合产量进行研究，各节点企业的海参产品产量与上游供应商的生产能力、市场需求和企业采购量密切相关。

在经济层面，产品利润被设定为经济绩效的考量因素，以直观反映企业经济绩效水平。供应链经济绩效是通过利润进行评估的。产品利润能够直观反映企业经济效益，通过企业经济绩效的系统评估，可以明确不同技术模式、销售模式供应商在市场需求限制条件下，生产成本与企业利润的关系。本研究考虑了两种育苗模式、两种养殖模式及三种不同档次海参单位产品的销售价格、制造成本、能源成本和原料收购成本，将其纳入模型的目标函数中。

在环境层面，为降低海参行业供应链对环境的不利影响，应该采用LCA方法精准识别整个供应链造成环境影响的关键节点，有针对性地提出改进措施，以减少温室气体排放。考虑到海参行业的环境影响主要来源于化石能源的消耗，所以选取与能源使用高度相关的环境影响类型评价指标 GWP 纳入环境绩效的评价依据中，并采用 CML-IA-Aug. 2016-world 方法进行特征化结果的计算。此外，为了验证生命周期清单数据质量，本研究还进行了不确定性分析，对数据进行了 1 000 次蒙特卡罗模拟。

## 4.4.1　模型构建

问题的提出使用了以下指数、参数及变量如表 4.1 所示。

表 4.1　优化模型指数、参数及变量的符号及意义

| 类别 | 符号 | 意义 |
|------|------|------|
| 指数 | $i \in I$ | 原料商集合 |
| | $j \in J$ | 供应商集合 |
| | $k \in K$ | 加工商集合 |
| | $t \in T$ | 育苗技术集合 |
| | $n \in N$ | 养殖技术集合 |
| | $m \in M$ | 加工技术集合 |
| 参数 | $BX_{it}^{I}$ | 采用 $t$ 技术的 $i$ 原料商的产品产量（单位：t） |
| | $BZ_{jn}^{J}$ | 采用 $n$ 技术的 $j$ 供应商的产品产量（单位：t） |
| | $BO_{km}^{K}$ | 采用 $m$ 技术的 $k$ 加工商的产品产量（单位：t） |
| | $PE_{it}^{I}$ | 采用 $t$ 技术的 $i$ 原料商的能源成本（单位：元） |
| | $PE_{jn}^{J}$ | 采用 $n$ 技术的 $j$ 供应商的能源成本（单位：元） |
| | $PE_{km}^{K}$ | 采用 $m$ 技术的 $k$ 加工商的能源成本（单位：元） |
| | $PP_{it}^{I}$ | 采用 $t$ 技术的 $i$ 原料商的制造成本（单位：元） |
| | $PP_{jn}^{J}$ | 采用 $n$ 技术的 $j$ 供应商的制造成本（单位：元） |
| | $PP_{km}^{K}$ | 采用 $m$ 技术的 $k$ 加工商的制造成本（单位：元） |
| | $PV_{it}^{I}$ | 采用 $t$ 技术的 $i$ 原料商的原料成本（单位：元） |

（续）

| 类别 | 符号 | 意义 |
|------|------|------|
| 参数 | $PV_{jn}^J$ | 采用 $n$ 技术的 $j$ 供应商的原料成本（单位：元） |
| | $PV_{km}^K$ | 采用 $m$ 技术的 $k$ 加工商的原料成本（单位：元） |
| | $PG_{it}^I$ | 采用 $t$ 技术的 $i$ 原料商的销售价格（单位：元） |
| | $PG_{jn}^J$ | 采用 $n$ 技术的 $j$ 供应商的销售价格（单位：元） |
| | $PG_{km}^K$ | 采用 $m$ 技术的 $k$ 加工商的销售价格（单位：元） |
| | $SF_{it}^I$ | 采用 $t$ 技术的 $i$ 原料商的 GWP（单位：kg $CO_2$-eq） |
| | $SQ_{jn}^J$ | 采用 $n$ 技术的 $j$ 供应商的 GWP（单位：kg $CO_2$-eq） |
| | $SR_{km}^K$ | 采用 $m$ 技术的 $k$ 加工商的 GWP（单位：kg $CO_2$-eq） |
| 变量 | $X_i$ | $i$ 种生产模式的产品重量 |
| | $Y_{it}^I$ | 采用 $t$ 技术的 $i$ 原料为 1，否则为 0 |
| | $Y_{jn}^J$ | 采用 $n$ 技术 $j$ 供应商为 1，否则为 0 |
| | $Y_{km}^K$ | 采用 $m$ 技术的 $k$ 供应商为 1，否则为 0 |

（1）生产目标

生产目标（$B_s$）考虑了产品的产量，包括育苗阶段产量（$BX$）、养殖阶段产量（$BZ$）、加工阶段产量（$BO$），其公式分别为：

$$BX = \sum_{i \in I} \sum_{t \in T} BX_{it}^I \times Y_{it}^I \qquad (4.1)$$

$$BZ = \sum_{j \in J} \sum_{n \in N} BZ_{jn}^J \times Y_{jn}^J \qquad (4.2)$$

$$BO = \sum_{k \in K} \sum_{m \in M} BO_{km}^K \times Y_{km}^K \qquad (4.3)$$

$$B_S = BX + BZ + BO \qquad (4.4)$$

（2）经济目标

经济目标（$P_s$）考虑了产品的利润，包括能源成本（$PE$）、制造成本（$PP$）、原料成本（$PV$）和销售价格（$PG$），其公式分别为：

$$PE = \sum_{i \in I} \sum_{t \in T} PE_{it}^I \times Y_{it}^I + \sum_{j \in J} \sum_{n \in N} PE_{jn}^J \times Y_{in}^J + \sum_{k \in K} \sum_{m \in M} PE_{km}^K \times Y_{km}^K$$

$$(4.5)$$

$$PP = \sum_{i \in I} \sum_{t \in T} PP_{it}^I \times Y_{it}^I + \sum_{j \in J} \sum_{n \in N} PP_{jn}^J \times Y_{in}^J + \sum_{k \in K} \sum_{m \in M} PP_{km}^K \times Y_{km}^K$$

$$(4.6)$$

$$PV = \sum_{i \in I} \sum_{t \in T} PV_{it}^I \times Y_{it}^I + \sum_{j \in J} \sum_{n \in N} PP_{jn}^J \times Y_{in}^J + \sum_{k \in K} \sum_{m \in M} PP_{km}^K \times Y_{km}^K$$

$$(4.7)$$

$$PG = \sum_{i \in I} \sum_{t \in T} PG_{it}^I \times Y_{it}^I + \sum_{j \in J} \sum_{n \in N} PG_{jn}^J \times Y_{in}^J + \sum_{k \in K} \sum_{m \in M} PG_{km}^K \times Y_{kn}^K$$

$$(4.8)$$

$$P_S = PG - (PE + PP + PV) \qquad (4.9)$$

(3) 环境目标

环境目标（$S_S$）考虑了产品的 GWP，包括育苗阶段产量（$SF$）、养殖阶段产量（$SQ$）、加工阶段产量（$SR$），其公式分别为：

$$SF = \sum_{i \in I} \sum_{t \in T} SF_{it}^I \times Y_{it}^I \qquad (4.10)$$

$$SQ = \sum_{j \in J} \sum_{n \in N} SQ_{jn}^J \times Y_{jn}^J \qquad (4.11)$$

$$SR = \sum_{k \in K} \sum_{m \in M} SR_{km}^K \times Y_{km}^K \qquad (4.12)$$

$$S_S = SF + SQ + SR \qquad (4.13)$$

### 4.4.2　情景介绍

在优化供应链网络结构时，优化目标为最小化 GWP 和最大化产品利润，同时兼顾海参生产过程产品质量平衡，根据各参与企业的原料采购量、不同档次海参产品的市场需求量，设定了 4 种绿色供应链网络方案，如表 4.2 所示。

表 4.2　各方案约束条件

| 方案 | 原材料采购约束 | 市场需求约束 |
| --- | --- | --- |
| S1 | √ | √ |
| S2 | √ | × |
| S3 | × | √ |
| S4 | × | × |

分别为基线情景：考虑双重约束的优化方案 S1；改进情景 1：只考虑对原料采购量进行约束的优化方案 S2；改进情景 2：只考虑对市场需求量

进行约束的优化方案 S3；改进情景 3：不考虑约束条件的优化方案 S4。

基线情景：

根据供应链的实际生产情况设定 S1，优化目标为最小化 GWP 及最大化利润，约束条件为海参产品质量平衡、不同档次海参产品在市场中的需求量及不同技术模式原料采购量的比例。

优化目标：

最小化 GWP（$S_S$）；最大化产品利润（$P_S$）。

$$\text{Max } P_S = PG - (PE + PP + PV) \tag{4.14}$$

$$\text{Min } S_S = SF + SQ + SR \tag{4.15}$$

约束条件：

质量平衡公式可以表述为：

$$\frac{0.2}{X_{育苗}} = \frac{20}{X_{养殖}} = \frac{1}{X_{半干产品}} = \frac{1}{X_{市场}} \tag{4.16}$$

$$\frac{0.2}{X_{育苗}} = \frac{20}{X_{养殖}} = \frac{1}{X_{淡干产品}} = \frac{1}{X_{市场}} \tag{4.17}$$

$$\frac{0.02}{X_{育苗}} = \frac{2}{X_{养殖}} = \frac{1}{X_{即食产品}} = \frac{1}{X_{市场}} \tag{4.18}$$

市场需求约束条件可以表述为：

$$X_{大型超市} = X_{淡干产品} = 1\ 531\ 650 \text{kg} \tag{4.19}$$

$$X_{精品门店} = X_{半干产品} + X_{即食产品} + X_{淡干产品} = 3\ 675\ 960 \text{kg} \tag{4.20}$$

$$X_{电商销售} = X_{即食产品} + X_{淡干产品} = 918\ 990 \text{kg} \tag{4.21}$$

原料采购约束条件可以表述为：

$$X_{室内育苗} : X_{网箱育苗} = 3 : 2 \tag{4.22}$$

$$X_{池塘养殖} : X_{底播增殖} = 7 : 3 \tag{4.23}$$

$$X_{半干产品} : X_{即食产品} : X_{淡干产品} = 1 : 2.2 : 3.47 \tag{4.24}$$

改进情景 1：

S2 的优化目标仍然为最小化 GWP 及最大化利润，约束条件为海参产品质量平衡及不同技术模式原料采购量的比例，海参产品市场需求总量保持不变，不同档次海参产品市场需求量不作为考虑条件。

优化目标：

最小化 GWP（$S_s$）；最大化产品利润（$P_s$）。

$$\mathrm{Max}\,P_s = PG - (PE + PP + PV)$$

$$\mathrm{Min}\,S_s = SF + SQ + SR$$

约束条件：

质量平衡公式可以表述为：

$$\frac{0.2}{X_{育苗}} = \frac{20}{X_{养殖}} = \frac{1}{X_{半干产品}} = \frac{1}{X_{市场}}$$

$$\frac{0.2}{X_{育苗}} = \frac{20}{X_{养殖}} = \frac{1}{X_{淡干产品}} = \frac{1}{X_{市场}}$$

$$\frac{0.02}{X_{育苗}} = \frac{2}{X_{养殖}} = \frac{1}{X_{即食产品}} = \frac{1}{X_{市场}}$$

原料采购约束条件可以表述为：

$$X_{室内育苗} : X_{网箱育苗} = 3 : 2$$

$$X_{池塘养殖} : X_{底播增殖} = 7 : 3$$

$$X_{半干产品} : X_{即食产品} : X_{淡干产品} = 1 : 2.2 : 3.47$$

改进情景 2：

S3 的优化目标为最小化 GWP 及最大化利润，约束条件为海参产品质量平衡及不同档次海参产品市场需求量，不同技术模式原料采购量的比例不作为考虑条件。

优化目标：

最小化 GWP（$S_s$）；最大化产品利润（$P_s$）。

$$\mathrm{Max}\,P_s = PG - (PE + PP + PV)$$

$$\mathrm{Min}\,S_s = SF + SQ + SR$$

约束条件：

质量平衡公式可以表述为：

$$\frac{0.2}{X_{育苗}} = \frac{20}{X_{养殖}} = \frac{1}{X_{半干产品}} = \frac{1}{X_{市场}}$$

$$\frac{0.2}{X_{育苗}} = \frac{20}{X_{养殖}} = \frac{1}{X_{淡干产品}} = \frac{1}{X_{市场}}$$

$$\frac{0.02}{X_{育苗}} = \frac{2}{X_{养殖}} = \frac{1}{X_{即食产品}} = \frac{1}{X_{市场}}$$

市场需求约束条件可以表述为：

$$X_{大型超市} = X_{淡干产品} = 1\ 531\ 650\text{kg}$$

$$X_{精品门店} = X_{半干产品} + X_{即食产品} + X_{淡干产品} = 3\ 675\ 960\text{kg}$$

$$X_{电商销售} = X_{即食产品} + X_{淡干产品} = 918\ 990\text{kg}$$

改进情景 3：

S4 的优化目标仍然为最小化 GWP 及最大化利润，约束条件为海参产品质量平衡。

优化目标：

最小化 GWP（$S_s$）；最大化产品利润（$P_s$）。

$$\text{Max}\ P_s = PG - (PE + PP + PV)$$

$$\text{Min}\ S_s = SF + SQ + SR$$

约束条件：

质量平衡公式可以表述为：

$$\frac{0.2}{X_{育苗}} = \frac{20}{X_{养殖}} = \frac{1}{X_{半干产品}} = \frac{1}{X_{市场}}$$

$$\frac{0.2}{X_{育苗}} = \frac{20}{X_{养殖}} = \frac{1}{X_{淡干产品}} = \frac{1}{X_{市场}}$$

$$\frac{0.02}{X_{育苗}} = \frac{2}{X_{养殖}} = \frac{1}{X_{即食产品}} = \frac{1}{X_{市场}}$$

在约束条件中考虑不同技术模式的原料采购量体现了绿色生产与绿色采购的思想，而考虑不同档次海参产品市场需求量则体现了绿色消费的思想[7]。通过以上约束条件的设定，可以直观判断绿色采购、绿色生产及绿色消费在海参行业绿色供应链网络中发挥的作用。

## 4.5 海参行业绿色供应链网络优化

### 4.5.1 解决方案框架

所提出框架的主要流程图如图 4.3 所示。它由 5 个阶段组成，包括：①海参行业温室气体排放评价，②MOGA，③模型构建，④M-TOPSIS，

⑤确定最优解决方案。在第一阶段，针对环境问题开发了 LCA 模型，通过确定生命周期阶段所涉及的一系列活动带来的 GWP，评估本研究中选择的海参行业各阶段对环境的贡献。在第二阶段，利用 MOGA，同时考虑在环境、经济和生产指数方面的可持续性表现，搜集多个优化方案。在第三阶段，根据海参行业特性将各个阶段的产量、能耗、利润进一步聚类为各种公式，形成优化模型。在第四阶段，应用 M-TOPSIS 方法在帕累托最优解集合中继续进行搜索。最后，在第五阶段推导出了最优方案。

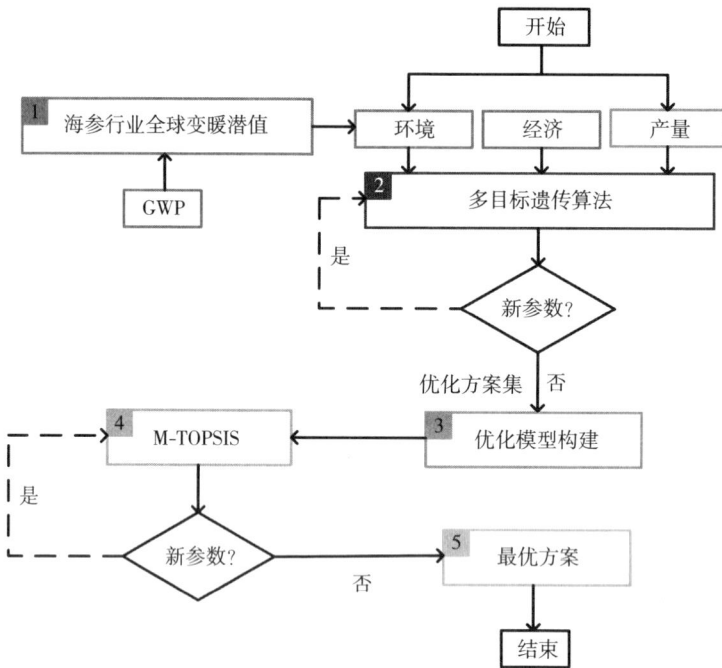

图 4.3　研究方法流程

## 4.5.2　网络优化算法

### 4.5.2.1　海参行业全球变暖潜值评价

现有研究发现，海参育苗、养殖和加工过程中主要环境影响来源于化石能源的消耗，使用化石能源导致了较大的 GWP。因此，本研究基于 ISO 14040[8] 和 ISO 14044[9] 对海参育苗、养殖和加工过程中的环境的影响进行评价，选取 GWP 作为环境绩效指标。LCA 主要由四个步骤组成：

（1）目标与范围的确定

本研究的目的是分析辽宁省海参行业供应链各环节的环境影响，以 GWP 为评价指标，进行了从摇篮到大门的 LCA 研究。辽宁省是中国海参三大主产区之一，占全国总产量的 35%[10]。本研究的系统边界由三个部分组成，分别是育苗、养殖及加工环节。其中，育苗环节包括室内育苗和网箱育苗两种模式，养殖环节包括池塘养殖和底播增殖两种模式，加工环节包括半干加工、即食加工和淡干加工三种模式。以生产 1 t 海参产品作为本研究的功能单元（FU）。

（2）清单分析

本研究收集了辽宁省 2022 年的海参相关数据，见表 2.1。其中，电力、煤炭、饲料、海水、汽油、柴油、石油、蒸馏水、食盐等相关输入数据来源于企业的实际生产报表。能源相关的上游数据来自 LCA for Experts 专业数据库；饲料的上游数据参考中国 eBalance 软件数据库（CLCD）。输出数据中，$CO_2$、$SO_2$ 以及 $NO_x$ 的排放结果来自 Ecoinvent 3.7 数据库；总磷和总氮根据养殖车间收集到的废水在实验室进行检测获得。

（3）影响评价

采用 CML-IA-Aug. 2016-world 方法进行特征化结果的计算[11]。从清单数据可知，海参生命周期过程中需要消耗大量的电力和煤炭，尤其是中国北方地区普遍采用火力发电，进一步加剧了该过程对环境的影响。考虑到全球气候变化和水产品能耗特征，本研究选取 GWP 作为评估海参生命周期的环境影响指标[12]。通过对海参育苗、养殖、加工过程的生命周期影响进行特征化计算，利用特征化结果分析各阶段的环境贡献，了解评价结果的准确性[13]。

#### 4.5.2.2 多目标遗传算法

遗传算法是一种模拟生物进化过程的优化算法，用于解决复杂的搜索和优化问题。遗传算法对被优化函数的数学特性无须过多考虑，算法结构简单，具有全局搜索能力，在处理复杂的非线性问题时具有优势[14,15]。

遗传算法通常包括五个步骤：①产生初始化种群：从问题的可行解空间中随机生成一组解作为种群。②计算个体适应度：使用多个目标函数分别对种群中的每个解进行评价，并计算其适应度。③选择：根据适应度结果对种群进行选择，选择较优解作为"父代"。④交叉变异计算：对"父代"中的解进行交叉、变异等操作，生成一组新的"子代"解群体。⑤更新种群：将"父代"和"子代"合并起来，根据适应度排序，选择出一部分更有利的解作为新的种群。

然而，在实际问题中，往往存在多个目标函数。为了有效解决这一问题，提出了MOGA。与传统的遗传算法相比，MOGA能够同时处理多个目标函数，为系统分析的决策提供评价依据，是解决多目标优化问题的有效工具，能够产生更丰富的解决方案，这些解决方案同时考虑多个目标，更好地反映实际问题的特性（图4.4）。

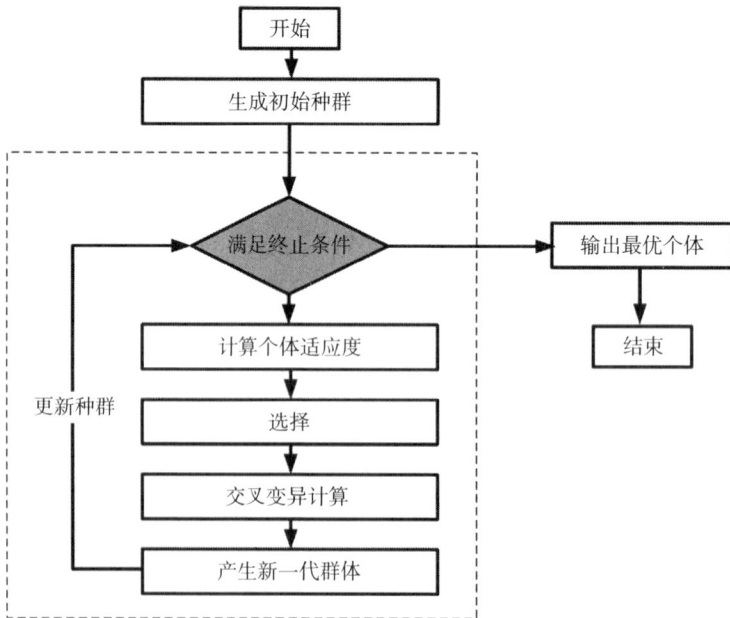

图4.4　遗传算法步骤

在具体的运算过程中，采用一个基于Matlab R2023a软件的开放源代码的MOGA工具箱，用户可以定义多个目标函数和约束条件，然后对问题进行建模和求解。具体来说，该工具箱可以帮助用户在考虑多个冲突目标的情况下，找到一组最优解，这些解在不同目标之间存在权衡。通过 MOGA 的优化技术，该工具箱能够搜索潜在的解空间，并提供一组帕累托解，这些解在目标空间中形成一个均衡的解集，为决策者在权衡不同目标时提供参考。

### 4.5.2.3 M-TOPSIS

TOPSIS 是一种经典的多目标决策方法，可以基于确定的参数、准则以及备选方案的分布情况进行决策和排序[16,17]。其核心思想是通过计算每个备选方案与正负理想解之间的距离，然后将这些数值进行归一化处理，最终得到各个备选方案的综合评价值。然而在实际应用中，TOPSIS 方法在方案的顺序发生变化时可能会导致结果的变化，即逆序问题[18]。为了解决这一问题，Ren 等提出一种新的改进逼近理想解排序方法 M-TOPSIS，旨在更加直观地选择各个方案的最优结果，以纠正因逆序问题带来的结果不稳定性[19,20]。

LóPEZ-ANDRéS 等建立了基于遗传算法的多目标优化模型，以实现鸡肉生产过程的环境影响最小化和经济效益最大化[21]。Homayouni 等通过开发和使用一种改进算法求解多选择目标规划模型，探讨了碳调控机制的可持续性策略[22]。上述研究已证明 MOGA + M-TOPSIS 是一种可以解决实际问题并为系统决策提供评价依据的可行方法。因此，本研究采用 MOGA 和 M-TOPSIS 来解决海参行业绿色供应链网络设计中存在的问题。

步骤1：对评价指标进行极性处理，得到极性一致化矩阵 $\boldsymbol{X}_{ij}^{*}$（倒数法）：

$$\boldsymbol{X}_{ij}^{*} = \frac{1}{X_{ij}}, \ \forall i, i \in m; \ \forall j, j \in n \qquad (4.25)$$

式中，$X_{ij}$ 为第 $i$ 个评价对象在第 $j$ 个指标上的原始观测值。

步骤2：归一化决策矩阵：

$$Y_{ij} = \frac{\boldsymbol{X}_{ij}^{*}}{\sqrt{\sum_{i=1}^{n}\boldsymbol{X}_{ij}^{*2}}}, \ \forall i, i \in m; \ \forall j, j \in n \qquad (4.26)$$

式中，$Y_{ij}$ 为标准化计算结果。

步骤3：加权归一化矩阵是将归一化矩阵中单个准则内的每个值乘以该准则的权重，计算公式为：

$$Z_{ij} = \omega_i \times Y_{ij}, \quad \forall i, i \in m; \quad \forall j, j \in n \qquad (4.27)$$

步骤4：确定正理想解 $Z+$ 和负理想解 $Z-$：

$$Z^+ = (Z_{\max 1}, Z_{\max 2}, \cdots, Z_{\max n}) \qquad (4.28)$$

$$Z^- = (Z_{\min 1}, Z_{\min 2}, \cdots, Z_{\min n}) \qquad (4.29)$$

步骤5：评估评价对象到理想解的欧氏距离：

$$D_i^+ = \sqrt{\sum_{j=1}^{m} (Z_{ij\max} - Z_{ij})^2}, \quad \forall i, i \in m; \quad \forall j, j \in n$$

$$(4.30)$$

$$D_i^- = \sqrt{\sum_{j=1}^{m} (Z_{ij\min} - Z_{ij})^2}, \quad \forall i, i \in m; \quad \forall j, j \in n$$

$$(4.31)$$

步骤6：评估各方案与最优方案的相对接近度 $T_i^M$：

$$T_i^M = \sqrt{[(D_i^+ - \min(D_i^+))]^2 + [(D_i^- - \max(D_i^-))]^2}, \forall i, i \in m$$
$$(4.32)$$

$T_i^M$ 在0与1之间取值，越接近1，表示该用户离最优水平越远。

### 4.5.3 网络优化案例研究

笔者将辽宁省海参行业作为案例，开展 GSCND 研究。通过实地调研和企业经营报告收集等方法，对企业的育苗、养殖和加工数据进行了整理。以最小化 GWP 和最大化利润为目标，同时兼顾海参生产过程产品质量平衡，根据供应链各环节的原料采购量、不同档次海参产品的市场需求量，建立了供应链网络优化情景。

#### 4.5.3.1 环境影响评价

海参生产过程中，资源和能源的消耗类型主要为淡水、汽油、柴油、电力和煤炭。为了对各个生产企业所消耗的资源和能源进行比较，将其统一转化为 GWP，使用 LCA for Experts 软件进行分析计算。单位产品的室内育苗、网箱育苗、池塘养殖、底播增殖、半干加工、即食加工以及淡干加工的 GWP 贡献如表 4.3 所示。

表 4.3　单位产品 GWP 贡献统计

| 生产技术模式 | GWP (kg $CO_2$-eq) | 能源类型 | 能源使用量 | GWP (kg $CO_2$-eq) | 合计 (kg $CO_2$-eq) |
|---|---|---|---|---|---|
| 室内育苗 | 93 363.59 | 电力 | 21 642.88 kWh | 17 582.66 | 121 614.72 |
| | | 煤炭 | 35 912.27 kg | 10 668.44 | |
| | | 石油 | 0.08 kg | 0.03 | |
| 网箱育苗 | 4 254.00 | 汽油 | 420.00 kg | 208.48 | 4 863.52 |
| | | 柴油 | 875.48 kg | 401.04 | |
| 池塘养殖 | 92.20 | 电力 | 7 142.60 kWh | 5 802.60 | 5 908.80 |
| | | 柴油 | 7.60 kg | 3.40 | |
| | | 汽油 | 21.40 kg | 10.60 | |
| 底播增殖 | 1667.20 | 柴油 | 362.2 kg | 165.80 | 1 877.80 |
| | | 汽油 | 88.2 kg | 43.80 | |
| | | 石油 | 2.2 kg | 1.00 | |
| 半干加工 | 14 149.80 | 电力 | 6 192.90 kWh | 5 031.11 | 20 957.62 |
| | | 煤炭 | 5 442.39 kg | 1 616.77 | |
| | | 淡水 | 102.80 $m^3$ | 159.94 | |
| 即食加工 | 0.00 | 电力 | 622.7 kWh | 505.88 | 505.88 |
| 淡干加工 | 14 158.61 | 电力 | 6 192.90 kWh | 5 224.46 | 21 276.08 |
| | | 煤炭 | 5 442.39 kg | 1 617.77 | |
| | | 淡水 | 176.80 $m^3$ | 275.24 | |

根据结果显示，在海参育苗环节中，室内育苗的 GWP（121 614.72 kg $CO_2$-eq）明显高于网箱育苗（4 863.52 kg $CO_2$-eq）。产生这一结果的主要原因是室内育苗阶段需要消耗大量的电力和化石能源来维持适宜海参生长的环境，而在网箱育苗阶段只有船只和车辆的运输过程中会产生能源消耗。

在海参加工环节，半干加工产生的 GWP 为 20 957.62 kg $CO_2$-eq，即食加工产生的 GWP 为 505.88 kg $CO_2$-eq，淡干加工产生的 GWP 为 21 276.08 kg $CO_2$-eq。在加工过程中，由于即食产品加工工序相对简单，能够最大限度地保持鲜活海参的风味和大小，所以产生的 GWP 最小。相反，淡干加工工序相对复杂，需要消耗大量的电力、煤炭和蒸馏水。同时，在加工过程中，海参的质量会发生大幅缩减，因此产生的 GWP

最大。

　　海参是一种底栖动物，通过滤食水中的有机物质和微生物来获取养分[23]。基于海参的物种特性，养殖环节产生的 GWP 贡献最小。其中，池塘养殖产生的 GWP 为 5 908.8 kg $CO_2$-eq，底播增殖通常在海洋或海湾中进行，不需要过多的人工干预，产生的 GWP 仅为 1 877.8 kg $CO_2$-eq。

### 4.5.3.2　不确定性分析

　　采用蒙特卡罗模拟来评估不确定性的影响，进行了 1 000 次蒙特卡罗模拟并计算了 95% 置信区间。从结果来看，不确定度区间的趋势相近，各阶段的总体排名变化不大（表 4.4）。

表 4.4　蒙特卡罗模拟结果

| 生产技术 | 原始数据 | 蒙特卡罗模拟结果 | | |
| --- | --- | --- | --- | --- |
| | | 置信区间（95%） | 平均值 | 标准偏差 |
| 室内育苗 | 121 614.72 | 119 975.16～123 341.70 | 121 601.69 | 1 230.26 |
| 网箱育苗 | 4 863.52 | 4 792.03～4 932.46 | 4 860.18 | 50.98 |
| 池塘养殖 | 5 908.80 | 5 826.00～5 988.80 | 5 908.40 | 60.60 |
| 底播增殖 | 1 877.80 | 1 852.60～1 905.20 | 1 878.40 | 19.20 |
| 半干加工 | 20 957.62 | 20 674.53～21 256.82 | 20 963.69 | 213.39 |
| 即食加工 | 505.88 | 498.48～512.84 | 505.79 | 5.23 |
| 淡干加工 | 21 276.08 | 20 992.36～21 575.91 | 21 283.99 | 219.43 |

### 4.5.3.3　经济成本分析

　　通过市场调研及专家咨询，统计了辽宁省海参市场中各技术模式下的销售价格、制造成本、原料收购成本及能源成本，表 4.5 展示了生产 1 t 产品的经济数据。根据三种不同档次的海参产品在市场中的销售数据，确定了海参市场需求量和销售现状：半干产品主要销往精品门店，即食产品主要在精品门店以及电商进行销售，而淡干产品在大型超市、精品门店和电商均有销售。三种不同档次的海参产品市场需求如表 4.6 所示。

表 4.5　单位产品经济数据统计

| 生产技术模式 | 原料成本（元/t） | 制造成本（元/t） | 能源成本（元/t） | 销售价格（元/t） |
|---|---|---|---|---|
| 室内育苗 | 40 000 | 60 000 | 79 968 | 220 000 |
| 网箱育苗 | 49 995 | 25 555 | 9 998 | 160 000 |
| 池塘养殖 | 220 000[a]/160 000[b] | 0 | 3 021 | 100 000 |
| 底播增殖 | 220 000[a]/160 000[b] | 0 | 99 893 | 240 000 |
| 半干加工 | 1 300 000[c]/2 600 000[d] | 600 000 | 20 141 | 2 600 000 |
| 即食加工 | 1 300 000[c]/2 600 000[d] | 150 000 | 15 746 | 640 000 |
| 淡干加工 | 1 300 000[c]/2 600 000[d] | 800 000 | 33 651 | 4 800 000 |

a 为室内育苗苗种收购价格；b 为网箱育苗苗种收购价格；c 为池塘养殖成参收购价格；d 为底播增殖成参收购价格

表 4.6　海参产品市场需求统计

| 销售渠道 | 海参产品 | 综合销售量（t/年） |
|---|---|---|
| 大型超市 | 淡干产品 | 1 531.65 |
| 精品门店 | 半干产品<br>即食产品<br>淡干产品 | 3 675.96 |
| 电商销售 | 即食产品<br>淡干产品 | 918.99 |
| 总计 | | 6 126.60 |

### 4.5.3.4　优化情景分析

表 4.7 展示了各方案的利润及 GWP 优化结果。以 S1 为基础，计算其他方案的产品利润和 GWP 与 S1 的百分比对比结果，如图 4.5 所示。

表 4.7　各方案 GWP 及产品利润优化结果

| 方案 | GWP（kg $CO_2$-eq） | 利润（元） |
|---|---|---|
| S1 | $5.58 \times 10^8$ | $14.72 \times 10^9$ |
| S2 | $5.58 \times 10^8$ | $14.72 \times 10^9$ |
| S3 | $4.79 \times 10^8$ | $15.15 \times 10^9$ |
| S4 | $2.40 \times 10^8$ | $18.88 \times 10^9$ |

图 4.6 展示了方案 S1 产品组合的利润和 GWP 优化计算结果。室内

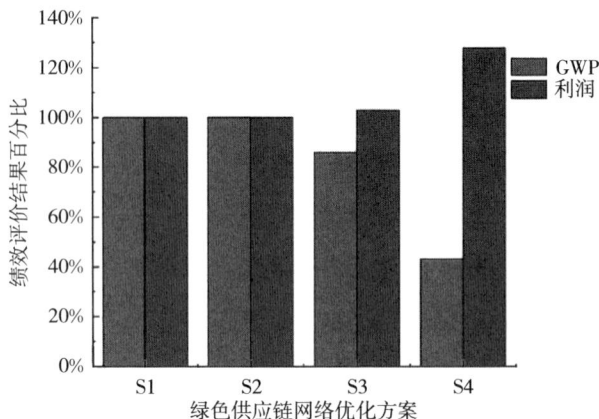

图 4.5　各方案 GWP 及产品利润对比结果

育苗向池塘养殖提供海参苗种 385.52 t，室内育苗向底播增殖提供海参苗种 131.32 t；网箱育苗向池塘养殖提供海参苗种 217.46 t，网箱育苗向底播增殖提供海参苗种 127.10 t；池塘养殖向半干加工提供鲜活海参 8 395.01 t，池塘养殖向即食加工提供鲜活海参 1 029.61 t，池塘养殖向淡干加工提供鲜活海参 50 873.38 t；底播增殖向半干加工提供鲜活海参 9 984.79 t，底播增殖向即食加工提供鲜活海参 3 013.95 t，底播增殖向淡干加工提供鲜活海参 12 843.26 t；半干加工向精品门店提供产品 918.99 t；即食加工向精品门店提供产品 1 837.98 t，即食加工向电商销售提供产品 183.80 t；淡干加工向大型超市提供产品 1 531.65 t，淡干加工向精品门店提供产品 918.99 t，淡干加工向电商销售提供产品 735.19 t。

　　方案 S2 产品组合优化结果如图 4.7 所示，S2 不考虑海参产品市场需求量的约束。只考虑以绿色消费促进供应链网络的优化，对原料采购量进行了约束。在核心企业上游海参苗种和鲜活海参产品提供量与 S1 相比没有变化，半干加工向精品门店提供产品 918.99 t；即食加工向精品门店提供产品 1 110.48 t，即食加工向电商销售提供产品 911.30 t；淡干加工向大型超市提供产品 1 537.60 t，淡干加工向精品门店提供产品 1 367.73 t，淡干加工向电商销售提供产品 280.50 t。与方案 S1 相比，GWP 与产品利润的增长幅度几乎可以忽略不计。因此，仅依靠改变市场需求促进绿色消费不足以改变现状。

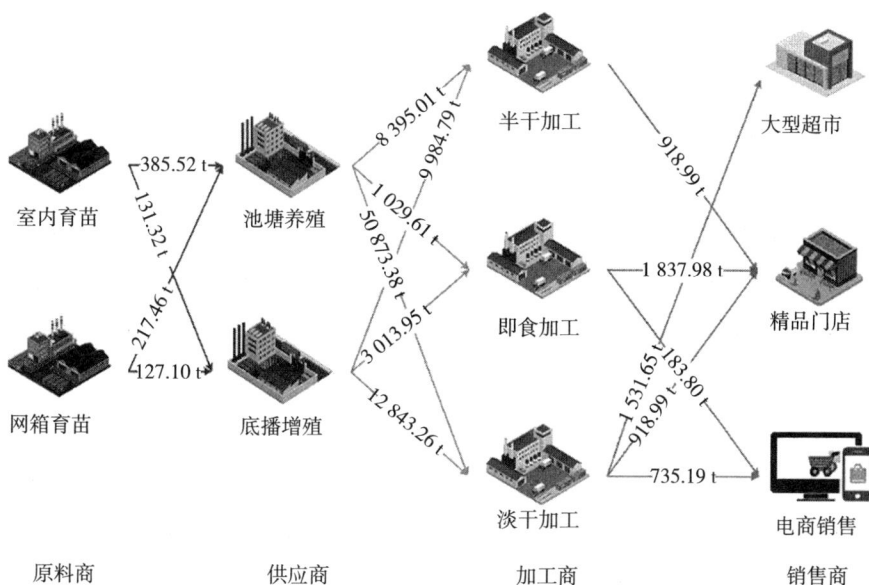

图 4.6 优化方案 S1 产品组合优化结果

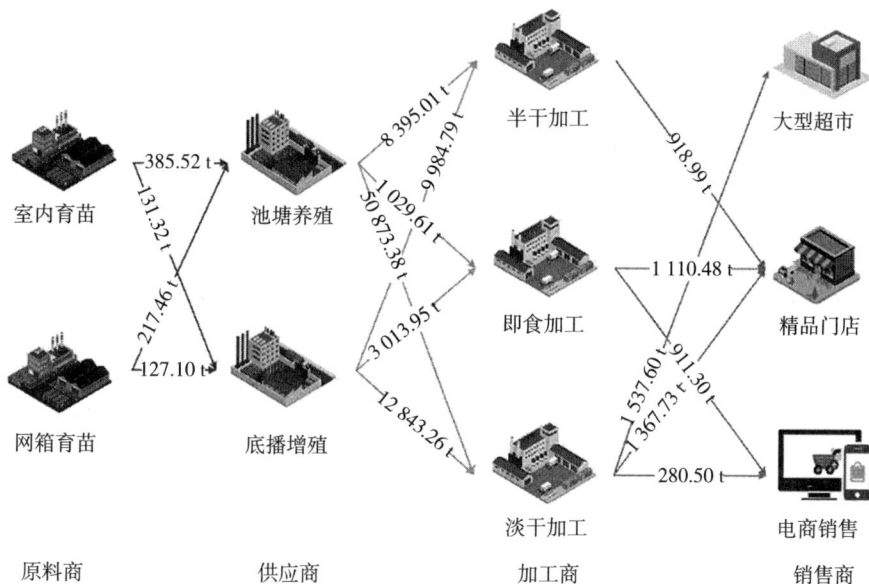

图 4.7 优化方案 S2 产品组合优化结果

图 4.8 为方案 S3 产品组合优化结果。S3 不考虑原料采购量的约束条件，考虑以绿色采购促进绿色供应链网络的优化，只对海参产品市场需求

进行了约束。室内育苗没有向池塘养殖及底播增殖提供海参苗种,网箱育苗向池塘养殖提供海参苗种 558.45 t,网箱育苗向底播增殖提供海参苗种 302.95 t;池塘养殖向半干加工提供鲜活海参 1 579.56 t,池塘养殖向即食加工提供鲜活海参 1 942.44 t,池塘养殖向淡干加工提供鲜活海参 52 323.06 t;底播增殖向半干加工提供鲜活海参 16 800.24 t,底播增殖向即食加工提供鲜活海参 2 101.12 t,底播增殖向淡干加工提供鲜活海参 11 393.58 t;半干加工向精品门店提供产品 918.99 t;即食加工向精品门店提供产品 1 837.98 t,即食加工向电商销售提供产品 183.80 t;淡干加工向大型超市提供产品 1 531.65 t,淡干加工向精品门店提供产品 918.99 t,淡干加工向电商销售提供产品 735.19 t,均满足市场需求量的约束条件。与方案 S1 相比,方案 S3 产品利润提高了 3% 左右,GWP 降低了 14.04%,结果表明海参养殖企业应当通过采购网箱育苗产品实现优化目标。

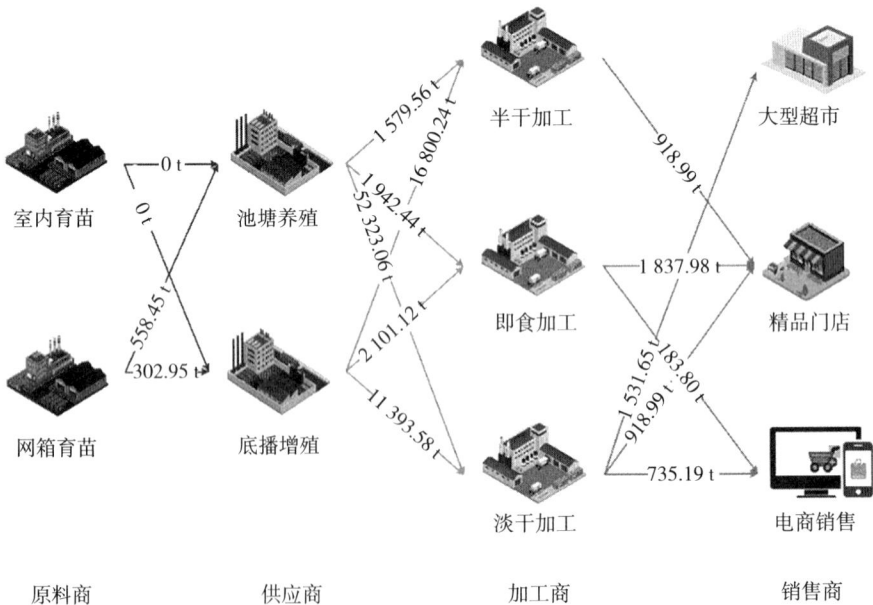

图 4.8  优化方案 S3 产品组合优化结果

图 4.9 为方案 S4 产品组合优化结果。方案 S4 不考虑约束条件,以绿色采购、绿色消费及绿色生产的理念共同促进绿色供应链网络的优化。产品组合优化结果为网箱育苗向底播增殖提供 861.40 t 海参苗种,底播增殖

向半干加工提供鲜活海参 30 075.94 t，底播增殖向即食加工提供鲜活海参
4 543.56 t，底播增殖向淡干加工提供鲜活海参 47 020.51 t；半干加工向
精品门店提供产品 1 503.80 t；即食加工向精品门店提供产品 1 314.10 t，
即食加工向电商销售提供产品 957.68 t；淡干加工向大型超市提供产品
906.12 t，淡干加工向精品门店提供产品 736.74 t，淡干加工向电商销售
提供产品 708.17 t。与方案 S1 相比，产品利润提高了 27.88%且 GWP 降
低了 56.89%。研究结果表明，该方案能够有效降低整个供应链的 GWP，
并大幅提高产品利润，是现阶段促进海参行业清洁生产的最佳绿色供应链
网络，该网络中的所有参与生产企业共同组成了海参行业绿色供应链最佳
合作伙伴。

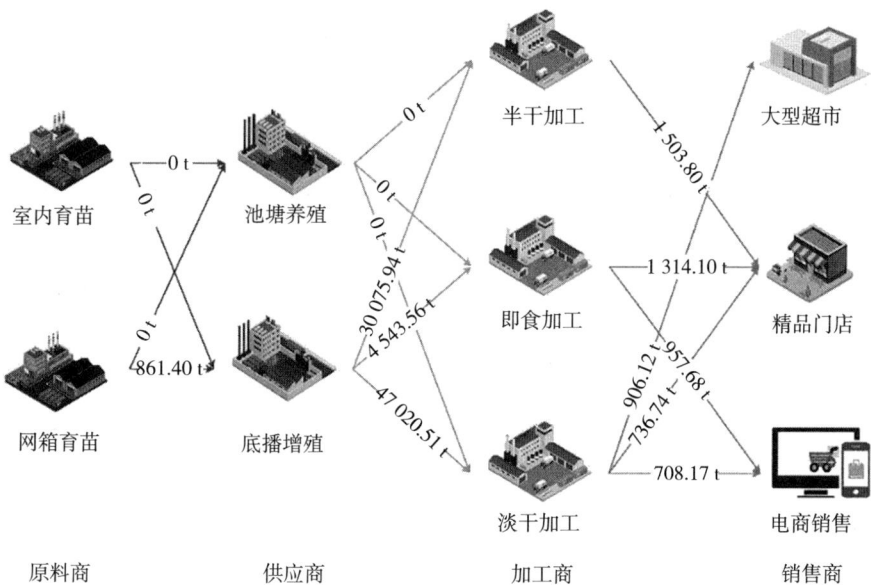

图 4.9　优化方案 S4 产品组合优化结果

# 4.6　讨　论

根据优化结果显示，在供应链上游采用"网箱育苗-底播增殖"的生
产模式，在供应链下游采用大型商超、精品门店、电商销售分别占比
14.79%、58.02%、27.19%的销售模式，可以使产品利润提高 27.88%、

GWP 降低 56.89%，实现整个海参行业环境与经济的协调发展。在早期的海产品供应链网络设计中，研究者仅追求产量最大化[24]。在此之后，逐渐将经济要素纳入海产品供应链网络优化的考虑范畴[25]。与传统供应链网络模型相比，供应链运营对于环境影响的关注推动了"可持续性"新范式的发展[26]。本研究在此基础上根据产品环境绩效、经济绩效和生产绩效构建供应链网络系统优化体系，实现供应链网络综合效益最优。

### 4.6.1 优化结果分析

方案 S1 在双重约束条件下，模拟了实际生产情况，为后续的优化方案提供了基准对比情景，以此来评估其他优化方案的质量和效果。方案 S2 不受市场需求量约束，通过消费理念的改变调整海参产品市场需求量，但调整结果与 S1 相比几乎没有变化，表明绿色消费单方面改变市场需求不能彻底实现供应链经济与环境绩效的协调发展。方案 S3 不考虑原料采购量的约束，只对市场需求约束，结果表明选择网箱育苗模式能够大幅降低环境影响并提高整个供应链的产品利润，这说明绿色采购和绿色生产在实现海参行业绿色供应链优化方面至关重要，是实现可持续发展的重要环节。方案 S4 不考虑约束条件，相较于其他方案，S4 的优化结果使得环境影响达到了最低且产品利润达到最高。因此，为了实现海参行业的清洁生产，必须同时关注绿色采购、绿色生产和绿色消费，促进供应链网络优化。

根据四个方案的结果，要建立资源利用效率最高、环境影响最小的海参行业绿色供应链网络，必须对传统的生产模式进行结构性转变。然而，考虑到辽宁省海参行业的现状，改变所有参与企业当前的生产策略在短期内可能无法实现，尚需要一定的时间来进行生产技术调整，因此短期内可以遵循方案 S3 的优化结果，通过绿色采购和绿色生产促进海参育苗模式的转变，以网箱育苗代替传统的室内育苗，提高网箱育苗的生产规模和海参苗种产量。从长远发展来看，可以遵循方案 S4 进行调整，在供应链上游采用"网箱育苗-底播增殖"的生产模式，在供应链下游采用大型商超、精品门店、电商销售分别占比 14.79%、58.02%、27.19% 的销售模式，以此达到实现优化环境影响最小化、经济绩效和生产绩效最大化的目标。

对于方案 S4 的产业结构调整问题，要针对供应链上下游进行双向引导。为了实现供应链上游的最优生产模式，上游企业可以考虑选择更具环境性能的供应商作为合作伙伴，并建立长期稳定的合作关系，推动绿色低碳的产品生产方式成为主流生产方式。在供应链下游，要充分发挥政府职能，营造绿色消费氛围，并指导消费者购买绿色产品，以促进消费观念的转变，以此推动绿色产业的发展。此外，核心企业在供应链中扮演着重要角色，可以协调上下游产品的流通，以确保没有存货积压和供不应求的情况发生。随着时间的推移，电商销售可能会成为主流销售渠道，这是未来发展的一个重要趋势。电商销售具有便捷、高效的特点，可以满足消费者各种需求，而且缩短了供应链长度，降低了企业成本。因此，企业可以积极适应这个趋势，调整经营策略，加强网上销售渠道的开发，以更好地满足市场需求。

## 4.6.2　改善措施及建议

渔业部门每年向大气排放的二氧化碳排放量在 1.12 亿～1.79 亿 t，占全球粮食生产排放的 4% 左右[27,28]。而粮食系统的排放量在全球人为温室气体排放总量中占 1/3[29]。因此，进行绿色供应链网络优化研究，减轻供应链全过程对环境的影响是十分有必要的。

Fatemeh 等以可食用植物油供应链为研究对象，发现在制作过程中要选用出油率高的品种，减少耕地面积、淡水和劳动力的使用，以此达到成本最小化、环境影响最小化和社会影响最大化的目标[30]。针对海参行业，要摒弃高能耗、高物耗的技术模式，大力发展绿色低碳、环保友好的技术模式，如网箱育苗和底播增殖的技术模式。同时，为了实现可持续发展，消费者要改变消费观念，购买更具有环保性能的产品，促使更多企业转向可持续发展的经营模式[31]，从而减少对环境的负面影响。此外，推动绿色低碳环保技术模式的发展还需要加强政府的引导和支持。政府可以制定相关政策和标准来鼓励企业采用更加环保的技术模式，通过提供财政和税收优惠政策，推动环保认证体系的建立和完善。其他研究者也提出希望通过全生命周期方法产生的环境标准，为未来集体和个人生产策略实现更可持续的供应链提供更好的选择[32]。

从微观角度而言，能耗是影响环境绩效的关键因素。Yang 等评估了生物基乙酰丙酸甲酯供应链对环境的影响。发现与相同质量的化石柴油相比，生物质乙酰丙酸甲酯可在整个生命周期内将全球升温潜能值降低16%～29%，充分体现了利用生物质能的优势，提出了使用生物质发电和使用清洁甲醇的建议[33]。因此，开发新的清洁能源，建立多能源综合系统（例如，电力、风能、太阳能耦合系统），是降低环境影响、实现水产养殖可持续发展的必要条件。

此外，一些学者提出，对于供应链网络而言，产品保质期和废弃率对于降低供应链成本是十分重要的，通过改进产品包装可以获得显著的效益[25,34]。政府和决策者必须特别注意确定最佳交易市场。这有助于减少运输成本、时间和排放[35]。因此，在海参行业供应链的包装和销售环节中，可以采用可再生的包装材料（例如，将生物降解材料和可回收材料作为包装材料），并通过系统优化物流路线（例如，采用智能调度系统、优化运输路径和运输工具，推动物流网络的整合和多式联运）以减少废弃物产生、降低能源消耗，从而有效减轻环境负荷。

## 4.7 本章小结

本章开展了海参行业供应链网络优化研究，针对海参行业特点，采用 LCA for Experts 软件和 CML-IA-Aug. 2016-world 方法，评估各技术模式 GWP，以此作为环境绩效指标。此外，耦合 MOGA 与 M-TOPSIS，综合考虑了产量、经济和环境效益。为实现海参行业环境-经济绩效协调发展以及中国其他水产品供应链的绿色优化提供借鉴指导。

本章研究的主要结论如下：

（1）网箱育苗结合底播增殖是海参供应链上游的最佳生产策略。大型超市、精品门店和电商销售的比例分别为 14.79%、58.02% 和 27.19% 是下游最佳销售渠道。提出的方案 4 可使产品利润增加 27.88%，全球升温潜能值降低 56.89%，实现供应链网络经济绩效与环境绩效的协调统一。

（2）推动供应链优化的另一条思路是促进全行业共同构建绿色供应链网络，政府部门要加强政策引导，供应链涉及的企业要积极改进技术模式，消费者要加快转变消费理念。同时，要建立多能源综合系统，采用可再生包装材料、优化物流路线，达到减少废弃物产生、降低能源消耗的目的，有效减轻环境压力。

# 参考文献

［1］深圳市市场监督管理局．DB4403/T 10 绿色供应链企业评价［S］．深圳，2019.

［2］Sahebjamnia N.，Fathollahi-Fard M. A.，Hajiaghaei-Keshteli M. Sustainable tire closed-loop supply chain network design：Hybrid metaheuristic algorithms for large-scale networks［J］. Journal of Cleaner Production，2018，196：273-296.

［3］Devika K.，Jafarian A.，Nourbakhsh V. Designing a sustainable closed-loop supply chain network based on triple bottom line approach：A comparison of metaheuristics hybridization techniques［J］. European Journal of Operational Research，2014，235（3）：594-615.

［4］Pishvaee M. S.，Razmi J.，Torabi S. A. An accelerated Benders decomposition algorithm for sustainable supply chain network design under uncertainty：A case study of medical needle and syringe supply chain［J］. Transportation Research Part E，2014，67：14-38.

［5］Mithun S. A.，Fathollahi-Fard A. M.，Rashik A.，et al. A multi-objective closed-loop supply chain under uncertainty：An efficient Lagrangian relaxation reformulation using a neighborhood-based algorithm［J］. Journal of Cleaner Production，2023，423：138702.

［6］Pourya S.，Mohammad S.，Reza T.，et al. A customized multi-neighborhood search algorithm using the tabu list for a sustainable closed-loop supply chain network under uncertainty［J］. Applied Soft Computing，2023，144：110495.

［7］贾海成．碳约束下的可替代品绿色供应链优化策略研究［D］.上海：上海财经大学，2022.

［8］ISO. Environmental management-Life cycle assessment-Principles and framework（ISO 14040：2006）［M］. International Organization for Standardization（ISO），2006a，Geneva.

［9］ISO. Environmental management-Life cycle assessment-Requirements and guidelines（ISO 14044：2006）［M］. International Organization for Standardization（ISO），2006b，Geneva.

［10］中华人民共和国农业农村部渔业渔政管理局．中国渔业统计年鉴 2022［M］.北京：中国农业出版社，2023.

［11］ 邓南圣，王小兵. 生命周期评价 ［M］. 北京：化学工业出版社，2003.

［12］ Willer D. F. , Nicholls R. J. , Aldridge D. C. Opportunities and challenges for upscaled global bivalve seafood production ［J］. Nature Food，2021，2（12）：935-43.

［13］ Hou H. C. , Zhang Y. , Ma Z. , et al. Life cycle assessment of tiger puffer（*Takifugu rubripes*）farming：A case study in Dalian, China ［J］. Science of the Total Environment，2022，823：153522.

［14］ Herrera F. , Lozano M. , Moraga C. Hierarchical distributed genetic algorithms ［J］. International Journal of Intelligent Systems，1999，14（11）：1099-121.

［15］ Long Q. , Wu C. , Huang T. , et al. A genetic algorithm for unconstrained multi-objective optimization ［J］. Swarm and Evolutionary Computation，2015，22：1-14.

［16］ Yang Y. , Tang J. , Duan Y. , et al. Study on the Relationship between Different Wastewater Treatment Technologies and Effluent Standards in Jilin Liaohe River Basin Based on the Coupled Model of AHP and Fuzzy TOPSIS Method ［J］. Sustainability，2023，15（2）：1264.

［17］ Sun L. Y. , Miao C. L. , Yang L. Ecological-economic efficiency evaluation of green technology innovation in strategic emerging industries based on entropy weighted TOPSIS method ［J］. Ecological Indicators，2017，73：554-558.

［18］ Krishnendu M. Analytic hierarchy process and technique for order preference by similarity to ideal solution：a bibliometric analysis 'from' past，present and future of AHP and TOPSIS ［J］. Int. J. of Intelligent Engineering Informatics，2014，2（2/3）：96-117.

［19］ Ren L. , Zhang Y. , Wang Y. , et al. Comparative Analysis of a Novel M-TOPSIS Method and TOPSIS ［J］. Applied Mathematics Research Express，2010，2007：abm005.

［20］ Pinter U. , Pšunder I. Evaluating construction project success with use of the M-TOPSIS method ［J］. Journal of Civil Engineering and Management，2013，19（1）：16-23.

［21］ López-Andrés J. J. , Aguilar-Lasserre A. A. , Morales-Mendoza F. L. , et al. Environmental impact assessment of chicken meat production via an integrated methodology based on LCA, simulation and genetic algorithms ［J］. Journal of Cleaner Production，2018，174：477-491.

［22］ Homayouni Z. , Pishvaee S. M. , Jahani H. , et al. A robust-heuristic optimization approach to a green supply chain design with consideration of assorted vehicle types and carbon policies under uncertainty [J]. Annals of Operations Research，2021，324 (1-2)：1-41.

[23] Górska B.，Soltwedel T.，Schewe I.，et al. Bathymetric trends in biomass size spectra, carbon demand, and production of Arctic benthos (76-5561 m, Fram Strait) [J]. Progress in Oceanography，2020，186.

[24] Forsberg O. I. Optimal stocking and harvesting of size-structured farmed fish：A multi-period linear programming approach [J]. Mathematics and Computers in Simulation，1996，42：299-305.

[25] Cisternas F.，Donne D. D.，Durán G.，et al. Optimizing salmon farm cage net management using integer programming [J]. The Journal of the Operational Research Society，2013，64 (5)：735-747.

[26] Andi R M. P.，Darma I. W.，Novrianty. R.，et al. A multi-echelon fish closed-loop supply chain network problem with carbon emission and traceability [J]. Expert Systems with Applications，2022，210.

[27] Parker R. W. R.，Blanchard L. J.，Gardner C.，et al. Fuel use and greenhouse gas emissions of world fisheries [J]. Nature Climate Change，2018，8 (4)：333-337.

[28] Greer K.，Zeller D.，Woroniak J.，et al. Global trends in carbon dioxide (CO$_2$) emissions from fuel combustion in marine fisheries from 1950 to 2016 [J]. Mar. Policy，2020，107：103382.

[29] Martins G. A.，Pablo S.，Sebastián V.，et al. The carbon footprint of the hake supply chain in Spain：Accounting for fisheries, international transportation and domestic distribution [J]. Journal of Cleaner Production，2022，360：131979.

[30] Fatemeh K.，Ebrahim G. A.，Mahdi M. P. Sustainable edible vegetable oils supply chain network design considering big data：a fuzzy stochastic approach [J]. Soft Comput. 2023，27 (21)：15769-15792.

[31] Alireza G.，Babaee E. T. Designing a portfolio-based closed-loop supply chain network for dairy products with a financial approach：Accelerated Benders decomposition algorithm [J]. Computers and Operations Research，2023，155：106244.

[32] Miranda-Ackerman M. A.，Azzaro-Pantel C.，Aguilar-Lasserre A. A. A green supply chain network design framework for the processed food industry：Application to the orange juice agrofood cluster [J]. Computers & Industrial Engineering，2017，109：369-389.

[33] Yang Z.，Guo X.，Sun J.，et al. Contextual and organizational factors in sustainable

supply chain decision making: grey relational analysis and interpretative structural modeling [J]. Environment, Development and Sustainability, 2021, 23（8）: 12056-12076.

［34］ Pan L. H. , Shan M. Y. , Li L. F. Optimizing Perishable Product Supply Chain Network Using Hybrid Metaheuristic Algorithms [J]. Sustainability, 2023, 15: 10711.

［35］ Mogale D. G. , Ghadge A. , Kumar S. K. , et al. Modelling supply chain network for procurement of food grains in India [J]. International Journal of Production Research, 2020, 58（21）: 6493-6512.

# 5

# 结论与展望

# 5.1 主要研究结论

本书基于 LCA 开展了海参行业清洁生产评价与应用研究,将清洁生产的系统边界从企业内部扩展到供应链层面,分别进行了海参行业生命周期环境影响评价、海参行业清洁生产评价指标体系构建及海参行业绿色供应链网络设计三个方面的研究,为海参行业实施清洁生产提供技术支持与实践指导。主要结论如下:

(1) 本研究采用 LCA for Experts 软件和 CML-IA-Aug. 2016-world 方法,以辽宁省为例开展了海参行业供应链从"摇篮"到"大门"的 LCA 研究,对供应链苗种培育、养殖及加工环节技术模式的环境影响进行量化评估与对比,以识别产生环境影响的关键节点。结果表明,网箱育苗技术、底播增殖技术、即食加工技术在降低环境影响方面具有显著优势,被视为海参行业供应链清洁生产的关键技术之一。MAETP 是最大的环境影响类型,化石能源和电力的使用是造成环境影响的关键因素,对此要加快建设多能源综合系统和太阳能光伏发电系统,使用太阳能、风能等清洁能源替代化石能源,以实现海参行业的可持续发展。

(2) 建立了包括海参育苗、养殖及加工业三个方面的海参行业清洁生产评价指标体系,将产地适宜性指标纳入海参育苗和养殖业清洁生产评价指标体系中,通过层次分析法确定指标的权重,以大连市两家大型海参生产企业的育苗、养殖及加工阶段为例,分别开展了清洁生产水平评价实证研究。结果表明,案例企业育苗阶段的清洁生产评价结果分别为 2. 32 和 1. 97,养殖阶段清洁生产评价结果分别为 2. 10 和 1. 89,加工阶段清洁生产综合评价得分分别为 97. 48 分和 90. 52 分,且限定性指标全部满足Ⅱ级基准值要求,符合Ⅱ级清洁生产水平等级条件,均属于Ⅱ级,即国内清洁生产先进水平。案例企业清洁生产水平较好,仍然具有一定清洁生产改进潜力。上述评价结果与企业实际生产情况基本一致,证明笔者建立的海参行业清洁生产评价指标体系具有一定的适用性。最后根据评价结果,指出案例企业海参育苗、养殖及加工阶段实施清洁生产的关键节点并提出具有针对性的清洁生产改进措施。

(3) 本研究基于 LCA 结果评估海参行业供应链网络各环节的 GWP，采用 MOGA、M-TOPSIS 对供应链网络的产量绩效、经济绩效、环境绩效进行综合考虑，构建了海参行业供应链网络优化体系。结果表明，在供应链上游采用网箱育苗结合底播增殖的生产模式，在供应链下游采用大型商超、精品门店、电商销售分别占比 14.79%、58.02%、27.19% 的销售模式，可以将产品利润提高 27.88%，将 GWP 降低 56.89%，实现供应链网络经济绩效与环境绩效的协调发展。此外，从宏观角度而言，要推动全行业共同构建绿色供应链网络，政府部门要加强政策引导，供应链涉及的企业要积极改进技术模式，消费者要加快转变消费理念。从微观角度而言，要建立多能源综合系统，采用可再生包装材料、优化物流路线，达到减少废弃物产生、降低能源消耗的目的，有效减轻环境压力。

## 5.2 创 新 点

(1) 在企业尺度，建立了基于企业实际生产数据的海参育苗、养殖及加工生产过程与技术的生命周期清单，丰富了我国海参生产 LCA 数据库；构建了具有海参行业特征的育苗、养殖及加工业清洁生产评价指标体系，采用模糊综合评价模型实现对海参生产企业清洁生产水平的定量评价。该研究结果为海参生产企业的清洁生产提供了新的较完善的评价体系。

(2) 在供应链尺度，将传统清洁生产的系统边界延伸至供应链层面，从单一成员企业视角提出了海参行业绿色供应链合作伙伴筛选方法，从上下游供应链视角构建了基于 LCA 结果的海参行业绿色供应链网络和优化模型。笔者提出的多视角供应链筛选和协调机制均引入环境绩效因素，避免了传统供应链管理侧重经济效益忽视环境影响的局限，为清洁生产在海参行业供应链中的应用提供了技术支持。

## 5.3 研究展望与不足

限于对现有科学认知的局限、数据的可获取性、研究地域的局限性及科学研究时间等诸多影响因素，仍存在以下不足与建议：

（1）研究数据均来源于辽宁省海参生产企业，未能获取其他海参主产区企业的实际生产数据。由于气候条件、生产技术及生产规模的不同，其他地区海参生产企业实际生产数据与辽宁省相比可能存在一定的差别。在未来的研究中，仍需要进一步通过全面的企业数据调研完善我国海参生产过程生命周期清单，并以此为基础促进我国海参行业 LCA 的研究及清洁生产的实施与发展。

（2）由于养殖产地、海水水质及生产规模的不同，抗生素和农药类药物的使用情况也存在较大差异。限于数据的可获取性，未对海参生产过程农药和抗生素的环境影响进行评价。随着相关研究成果及权威机构公布海参生产过程化学品使用的种类和数量，未来的研究也将逐步完善水产养殖化学品投入问题的系统评价与分析。

# 附录1  海参行业清洁生产评价指标体系权重调查问卷及评价结果

尊敬的专家:

您好!非常感谢您接受此次问卷调查。本次调查问卷是针对海参育苗、养殖和加工业清洁生产评价指标体系研究开展的专家调研,您填写的内容仅作为课题研究,不会透漏个人信息,无其他用途!

以下是初步构建的海参育苗、养殖和加工行业的清洁生产评价指标体系,首先判断指标选取的合理性,如有增加和删减的指标请您写出。然后针对一级指标、二级指标之间两两指标的重要程度进行打分。

打分规则为1~9标度法,请在相应的表格中对指标间重要程度打分;数字标度的含义及说明如下:

| 重要性级别 | 含义 | 说明 |
| --- | --- | --- |
| 1 | 同样重要 | 两因素比较,具有相同的重要性 |
| 3 | 稍微重要 | 两因素比较,一个因素比另一个稍微重要 |
| 5 | 明显重要 | 两因素比较,一个因素比另一个明显重要 |
| 7 | 非常重要 | 两因素比较,一个因素比另一个重要得多 |
| 9 | 极端重要 | 两因素比较,一个因素比另一个极端重要 |
| 2、4、6、8 | — | 上述相邻判断的中间值 |

示例:指标 A 与指标 B 相比,A 比 B 稍微重要,打 3 分,反之 B 与 A 相比为 1/3。

| 指标 | A | B |
| --- | --- | --- |
| A | 1 | 3 |
| B | 1/3 | 1 |

## 第一部分：海参育苗业清洁生产评价指标体系
## 专家打分表及权重结果

### 表 1-1　一级指标打分表及评价结果

| 指标 | A | B | C | D | E | F | G | 归一化结果 |
|---|---|---|---|---|---|---|---|---|
| A | 1 | 2 | 3 | 2 | 4 | 5 | 3 | 0.305 3 |
| B | 1/2 | 1 | 2 | 1 | 3 | 4 | 2 | 0.186 3 |
| C | 1/3 | 1/2 | 1 | 1/2 | 2 | 3 | 1 | 0.108 1 |
| D | 1/2 | 1 | 2 | 1 | 3 | 4 | 2 | 0.186 3 |
| E | 1/4 | 1/3 | 1/2 | 1/3 | 1 | 2 | 1/2 | 0.065 4 |
| F | 1/5 | 1/4 | 1/3 | 1/4 | 1/4 | 1 | 1/3 | 0.040 5 |
| G | 1/3 | 1/2 | 1 | 1/2 | 2 | 3 | 1 | 0.108 1 |

$\lambda_{max} = 7.022\ 5\ RI = 1.32\ CI = 0.003\ 7\ CR = 0.002\ 8 < 0.1$

A：产地适宜性指标　B：生产工艺及装备指标　C：资源能源消耗指标　D：产品特征指标　E：污染物产生指标　F：资源综合利用指标　G：清洁生产管理指标

### 表 1-2　产地适宜性指标各二级指标打分表及评价结果

| 指标 | $A_1$ | $A_2$ | $A_3$ | 归一化结果 |
|---|---|---|---|---|
| $A_1$ | 1 | 3 | 4 | 0.607 9 |
| $A_2$ | 1/3 | 1 | 3 | 0.272 0 |
| $A_3$ | 1/4 | 1/3 | 1 | 0.119 9 |

$\lambda_{max} = 3.074\ 1\ RI = 0.58\ CI = 0.037\ 1\ CR = 0.063\ 9 < 0.1$

$A_1$：育苗场地选址适宜性　$A_2$：育苗场地水质　$A_3$：育苗场地设计

### 表 1-3　生产工艺及装备指标各二级指标打分表及评价结果

| 指标 | $B_1$ | $B_2$ | $B_3$ | $B_4$ | 归一化结果 |
|---|---|---|---|---|---|
| $B_1$ | 1 | 1 | 1/3 | 3 | 0.200 9 |
| $B_2$ | 1 | 1 | 1/3 | 3 | 0.200 9 |
| $B_3$ | 3 | 3 | 1 | 5 | 0.519 3 |
| $B_4$ | 1/3 | 1/3 | 1/5 | 1 | 0.078 9 |

$\lambda_{max} = 4.043\ 6\quad RI = 0.9\quad CI = 0.014\ 5\quad CR = 0.016\ 1 < 0.1$

$B_1$：育苗工艺　$B_2$：育苗设备　$B_3$：附着基要求　$B_4$：检测设备

表 1-4  资源能源消耗指标各二级指标打分表及评价结果

| 指标 | $C_1$ | $C_2$ | $C_3$ | 归一化结果 |
|------|------|------|------|-----------|
| $C_1$ | 1 | 1/2 | 1 | 0.250 0 |
| $C_2$ | 2 | 1 | 2 | 0.500 0 |
| $C_3$ | 1 | 1/2 | 1 | 0.250 0 |

$\lambda_{max} = 3.000\ 0$  $RI = 0.58$  $CI = 0$  $CR = 0 < 0.1$

$C_1$：能源使用  $C_2$：海水使用  $C_3$：饲料使用

表 1-5  产品特征指标各二级指标打分表及评价结果

| 指标 | $D_1$ | $D_2$ | $D_3$ | $D_4$ | 归一化结果 |
|------|------|------|------|------|-----------|
| $D_1$ | 1 | 3 | 3 | 2 | 0.454 7 |
| $D_2$ | 1/3 | 1 | 1 | 1/2 | 0.141 1 |
| $D_3$ | 1/3 | 1 | 1 | 1/2 | 0.141 1 |
| $D_4$ | 1/2 | 2 | 2 | 1 | 0.263 0 |

$\lambda_{max} = 4.010\ 4$  $RI = 0.9$  $CI = 0.003\ 5$  $CR = 0.003\ 8 < 0.1$

$D_1$：食品安全水平  $D_2$：苗种规格合格率  $D_3$：感官要求  $D_4$：包装和运输

表 1-6  污染物产生指标各二级指标打分表及评价结果

| 指标 | $E_1$ | $E_2$ | $E_3$ | 归一化结果 |
|------|------|------|------|-----------|
| $E_1$ | 1 | 3 | 3 | 0.600 0 |
| $E_2$ | 1/3 | 1 | 1 | 0.200 0 |
| $E_3$ | 1/3 | 1 | 1 | 0.200 0 |

$\lambda_{max} = 3.000\ 0$  $RI = 0.58$  $CI = 0$  $CR = 0 < 0.1$

$E_1$：废水排放  $E_2$：大气污染物排放  $E_3$：死亡苗种处理
废弃物回收利用水平一级指标下仅有一个二级指标，不必打分，权重值为 1

表 1-7  清洁生产管理指标各二级指标打分表及评价结果

| 指标 | $G_1$ | $G_2$ | $G_3$ | $G_4$ | $G_5$ | $G_6$ | $G_7$ | 归一化结果 |
|------|------|------|------|------|------|------|------|-----------|
| $G_1$ | 1 | 3 | 3 | 4 | 3 | 4 | 5 | 0.357 3 |
| $G_2$ | 1/3 | 1 | 1 | 2 | 1 | 2 | 3 | 0.140 3 |
| $G_3$ | 1/3 | 1 | 1 | 2 | 1 | 2 | 3 | 0.140 3 |
| $G_4$ | 1/4 | 1/2 | 1/2 | 1 | 1/2 | 1 | 2 | 0.081 3 |
| $G_5$ | 1/3 | 1 | 1 | 2 | 1 | 2 | 3 | 0.140 3 |

（续）

| 指标 | $G_1$ | $G_2$ | $G_3$ | $G_4$ | $G_5$ | $G_6$ | $G_7$ | 归一化结果 |
|------|-------|-------|-------|-------|-------|-------|-------|-----------|
| $G_6$ | 1/4 | 1/2 | 1/2 | 1 | 1/2 | 1 | 2 | 0.081 3 |
| $G_7$ | 1/5 | 1/3 | 1/3 | 1/2 | 1/3 | 1/2 | 1 | 0.059 2 |

$\lambda_{max}=7.061\,0$　$RI=1.32$　$CI=0.010\,2$　$CR=0.007\,7<0.1$

$G_1$：环境法律法规标准执行情况　$G_2$：环境管理体系制度　$G_3$：产业政策执行情况　$G_4$：育苗投入品管理　$G_5$：生产过程控制管理　$G_6$：环境信息公开　$G_7$：劳动安全卫生指标

# 第二部分：海参养殖业清洁生产评价指标体系专家打分表及权重结果

表1-8　一级指标打分表及评价结果

| 指标 | A | B | C | D | E | F | G | 归一化结果 |
|------|---|---|---|---|---|---|---|-----------|
| A | 1 | 3 | 2 | 5 | 1 | 3 | 4 | 0.267 2 |
| B | 1/3 | 1 | 1/2 | 3 | 1/3 | 1 | 2 | 0.099 5 |
| C | 1/2 | 2 | 1 | 4 | 1/2 | 2 | 3 | 0.164 8 |
| D | 1/5 | 1/3 | 1/4 | 1 | 1/5 | 1/3 | 1/2 | 0.040 6 |
| E | 1 | 3 | 2 | 5 | 1 | 3 | 4 | 0.267 2 |
| F | 1/3 | 1 | 1/2 | 3 | 1/3 | 1 | 2 | 0.099 5 |
| G | 1/4 | 1/2 | 1/3 | 2 | 1/4 | 1/2 | 1 | 0.061 3 |

$\lambda_{max}=7.090\,9$　$RI=1.32$　$CI=0.015\,2$　$CR=0.011\,5<0.1$

A：产地适宜性指标　B：生产工艺及装备指标　C：资源能源消耗指标　D：产品特征指标　E：污染物产生指标　F：资源综合利用指标　G：清洁生产管理指标

表1-9　产地适宜性指标各二级指标打分表及评价结果

| 指标 | $A_1$ | $A_2$ | $A_3$ | 归一化结果 |
|------|-------|-------|-------|-----------|
| $A_1$ | 1 | 3 | 5 | 0.633 3 |
| $A_2$ | 1/3 | 1 | 3 | 0.260 5 |
| $A_3$ | 1/5 | 1/3 | 1 | 0.106 2 |

$\lambda_{max}=3.038\,7$　$RI=0.58$　$CI=0.019\,4$　$CR=0.033\,4<0.1$

$A_1$：养殖场地选址适宜性　$A_2$：养殖场地水质　$A_3$：养殖场地土壤底质

表 1-10　生产工艺及装备指标各二级指标打分表及评价结果

| 指标 | $B_1$ | $B_2$ | $B_3$ | 归一化结果 |
|---|---|---|---|---|
| $B_1$ | 1 | 2 | 3 | 0.539 0 |
| B2 | 1/2 | 1 | 2 | 0.297 3 |
| B3 | 1/3 | 1/2 | 1 | 0.163 8 |

$\lambda_{max} = 3.009\ 2$　$RI = 0.58$　$CI = 0.004\ 6$　$CR = 0.007\ 9 < 0.1$

$B_1$：养殖工艺　$B_2$：养殖设备　$B_3$：检测设备

表 1-11　资源能源消耗指标各二级指标打分表及评价结果

| 指标 | $C_1$ | $C_2$ | $C_3$ | $C_4$ | 归一化结果 |
|---|---|---|---|---|---|
| $C_1$ | 1 | 2 | 2 | 3 | 0.423 1 |
| $C_2$ | 1/2 | 1 | 1 | 2 | 0.227 2 |
| $C_3$ | 1/2 | 1 | 1 | 2 | 0.227 2 |
| $C_4$ | 1/3 | 1/2 | 1/2 | 1 | 0.122 5 |

$\lambda_{max} = 4.010\ 4$　$RI = 0.9$　$CI = 0.003\ 5$　$CR = 0.003\ 8 < 0.1$

$C_1$：苗种质量　$C_2$：能源使用　$C_3$：海水使用　$C_4$：饲料使用

表 1-12　产品特征指标各二级指标打分表及评价结果

| 指标 | $D_1$ | $D_2$ | $D_3$ | 归一化结果 |
|---|---|---|---|---|
| $D_1$ | 1 | 3 | 4 | 0.623 2 |
| $D_2$ | 1/3 | 1 | 2 | 0.239 5 |
| $D_3$ | 1/4 | 1/2 | 1 | 0.137 3 |

$\lambda_{max} = 3.018\ 3$　$RI = 0.58$　$CI = 0.009\ 2$　$CR = 0.015\ 8 < 0.1$

$D_1$：食品安全水平　$D_2$：感官要求　$D_3$：包装和运输

表 1-13　污染物产生指标各二级指标打分表及评价结果

| 指标 | $E_1$ | $E_2$ | 归一化结果 |
|---|---|---|---|
| $E_1$ | 1 | 2 | 0.666 7 |
| $E_2$ | 1/2 | 1 | 0.333 3 |

$\lambda_{max} = 2$　$RI = 0$　$CI = 0$　$CR = 0 < 0.1$

$E_1$：养殖尾水排放　$E_2$：大气污染物排放
废弃物回收利用水平一级指标下仅有一个二级指标，不必打分，权重值为 1

表 1-14　清洁生产管理指标各二级指标打分表及评价结果

| 指标 | $G_1$ | $G_2$ | $G_3$ | $G_4$ | $G_5$ | $G_6$ | $G_7$ | 归一化结果 |
|------|-------|-------|-------|-------|-------|-------|-------|-----------|
| $G_1$ | 1 | 3 | 3 | 4 | 3 | 4 | 5 | 0.357 3 |
| $G_2$ | 1/3 | 1 | 1 | 2 | 1 | 2 | 3 | 0.140 3 |
| $G_3$ | 1/3 | 1 | 1 | 2 | 1 | 2 | 3 | 0.140 3 |
| $G_4$ | 1/4 | 1/2 | 1/2 | 1 | 1/2 | 1 | 2 | 0.081 3 |
| $G_5$ | 1/3 | 1 | 1 | 2 | 1 | 2 | 3 | 0.140 3 |
| $G_6$ | 1/4 | 1/2 | 1/2 | 1 | 1/2 | 1 | 2 | 0.081 3 |
| $G_7$ | 1/5 | 1/3 | 1/3 | 1/2 | 1/3 | 1/2 | 1 | 0.059 2 |

$\lambda_{max} = 7.061\ 0$　$RI = 1.32$　$CI = 0.010\ 2$　$CR = 0.007\ 7 < 0.1$

　　$G_1$：环境法律法规标准执行情况　$G_2$：环境管理体系制度　$G_3$：产业政策执行情况　$G_4$：育苗投入品管理　$G_5$：生产过程控制管理　$G_6$：环境信息公开　$G_7$：劳动安全卫生指标

# 第三部分：海参加工业清洁生产评价指标
# 体系专家打分表及权重结果

表 1-15　一级指标打分表及评价结果

| 指标 | A | B | C | D | E | F | 归一化结果 |
|------|---|---|---|---|---|---|-----------|
| A | 1 | 1 | 3 | 1/2 | 3 | 2 | 0.205 4 |
| B | 1 | 1 | 3 | 1/2 | 3 | 2 | 0.205 4 |
| C | 1/3 | 1/3 | 1 | 1/4 | 1 | 1/2 | 0.069 6 |
| D | 2 | 2 | 4 | 1 | 4 | 2 | 0.321 5 |
| E | 1/3 | 1/3 | 1 | 1/4 | 1 | 1/2 | 0.069 6 |
| F | 1/2 | 1/2 | 2 | 1/2 | 2 | 1 | 0.128 5 |

$\lambda_{max} = 6.054\ 6$　$RI = 1.24$　$CI = 0.010\ 9$　$CR = 0.008\ 8 < 0.1$

　　A：生产工艺及装备指标　B：资源能源消耗指标　C：产品特征指标　D：污染物产生指标　E：资源综合利用指标　F：清洁生产管理指标

表 1-16　生产工艺及装备指标各二级指标打分表及评价结果

| 指标 | $A_1$ | $A_2$ | $A_3$ | $A_4$ | 归一化结果 |
|------|-------|-------|-------|-------|-----------|
| $A_1$ | 1 | 2 | 2 | 3 | 0.423 1 |
| $A_2$ | 1/2 | 1 | 1 | 2 | 0.227 2 |
| $A_3$ | 1/2 | 1 | 1 | 2 | 0.227 2 |

（续）

| 指标 | $A_1$ | $A_2$ | $A_3$ | $A_4$ | 归一化结果 |
|---|---|---|---|---|---|
| $A_4$ | 1/3 | 1/2 | 1/2 | 1 | 0.122 5 |

$\lambda_{max}=4.010\ 4$　$RI=0.9$　$CI=0.003\ 5$　$CR=0.003\ 8<0.1$

$A_1$：厂区设置　$A_2$：加工工艺　$A_3$：加工设备　$A_4$：检验设备

**表 1-17　资源能源消耗指标各二级指标打分表及评价结果**

| 指标 | $B_1$ | $B_2$ | $B_3$ | $B_4$ | 归一化结果 |
|---|---|---|---|---|---|
| $B_1$ | 1 | 1 | 1/2 | 2 | 0.227 2 |
| $B_2$ | 1 | 1 | 1/2 | 2 | 0.227 2 |
| $B_3$ | 2 | 2 | 1 | 3 | 0.423 1 |
| $B_4$ | 1/2 | 1/2 | 1/3 | 1 | 0.122 5 |

$\lambda_{max}=4.010\ 4$　$RI=0.9$　$CI=0.003\ 5$　$CR=0.003\ 8<0.1$

$B_1$：鲜海参质量　$B_2$：食盐质量　$B_3$：水资源使用　$B_4$：能源使用

**表 1-18　产品特征指标各二级指标打分表及评价结果**

| 指标 | $C_1$ | $C_2$ | $C_3$ | $C_4$ | $C_5$ | $C_6$ | 归一化结果 |
|---|---|---|---|---|---|---|---|
| $C_1$ | 1 | 1/2 | 1/2 | 1/2 | 1 | 2 | 0.120 7 |
| $C_2$ | 2 | 1 | 1 | 1 | 2 | 3 | 0.229 5 |
| $C_3$ | 2 | 1 | 1 | 1 | 2 | 3 | 0.229 5 |
| $C_4$ | 2 | 1 | 1 | 1 | 2 | 3 | 0.229 5 |
| $C_5$ | 1 | 1/2 | 1/2 | 1/2 | 1 | 2 | 0.120 7 |
| $C_6$ | 1/2 | 1/3 | 1/3 | 1/3 | 1/2 | 1 | 0.070 0 |

$\lambda_{max}=6.013\ 8$　$RI=1.24$　$CI=0.002\ 8$　$CR=0.002\ 2<0.1$

$C_1$：蛋白含量　$C_2$：食盐含量　$C_3$：食品安全水平　$C_4$：感官要求　$C_5$：包装和运输

**表 1-19　污染物产生指标各二级指标打分表及评价结果**

| 指标 | $D_1$ | $D_2$ | 归一化结果 |
|---|---|---|---|
| $D_1$ | 1 | 4 | 0.800 0 |
| $D_2$ | 1/4 | 1 | 0.200 0 |

$\lambda_{max}=2$　$RI=0$　$CI=0$　$CR=0<0.1$

$D_1$：废水排放　$D_2$：大气污染物排放
废弃物回收利用水平一级指标下仅有一个二级指标，不必打分，权重值为1

表 1 - 20    清洁生产管理指标各二级指标打分表及评价结果

| 指标 | $G_1$ | $G_2$ | $G_3$ | $G_4$ | $G_5$ | $G_6$ | $G_7$ | 归一化结果 |
|------|-------|-------|-------|-------|-------|-------|-------|-----------|
| G1 | 1 | 2 | 2 | 2 | 2 | 3 | 3 | 0.268 2 |
| G2 | 1/2 | 1 | 1 | 1 | 1 | 2 | 2 | 0.145 1 |
| G3 | 1/2 | 1 | 1 | 1 | 1 | 2 | 2 | 0.145 1 |
| G4 | 1/2 | 1 | 1 | 1 | 1 | 2 | 2 | 0.145 1 |
| G5 | 1/2 | 1 | 1 | 1 | 1 | 2 | 2 | 0.145 1 |
| G6 | 1/3 | 1/2 | 1/2 | 1/2 | 1/2 | 1 | 1 | 0.075 8 |
| G7 | 1/3 | 1/2 | 1/2 | 1/2 | 1/2 | 1 | 1 | 0.075 8 |

$\lambda_{max}=7.013\ 5$    $RI=1.32$    $CI=0.002\ 3$    $CR=0.001\ 7<0.1$

$G_1$：环境法律法规标准执行情况    $G_2$：环境管理体系制度    $G_3$：产业政策执行情况    $G_4$：化学品管理    $G_5$：生产过程控制管理    $G_6$：环境信息公开    $G_7$：劳动安全卫生指标

# 附录 2  海参生产企业清洁生产水平评价表

尊敬的专家：

您好！非常感谢您在百忙之中抽出时间参与此次企业调研，本次调研是针对海参育苗、养殖和加工企业清洁生产评价指标体系研究开展的专家调研，请您根据海参育苗、养殖和加工业清洁生产评价指标体系对本次调研的两家海参生产企业在育苗、养殖及加工阶段的清洁生产水平进行评价，评价方法为对各个二级指标在三个基准值的隶属情况为企业清洁生产水平进行评价。评价规则为某一二级指标属于哪个基准值，就在基准值下方打"√"。

示例：育苗企业 A 的实际生产情况中，育苗工艺二级指标属于 II 级基准值，则在育苗工艺二级指标的 II 基准值下方打"√"。

| 二级指标 | I 级基准值 | II 级基准值 | III 级基准值 |
|---|---|---|---|
| 育苗工艺 | | √ | |

表 2-1　海参育苗企业清洁生产水平评价

| 序号 | 二级指标 | Ⅰ级基准值 | Ⅱ级基准值 | Ⅲ级基准值 |
|---|---|---|---|---|
| 1 | 育苗场地选址适宜性 | | | |
| 2 | 育苗场地水质 | | | |
| 3 | 育苗场地设计 | | | |
| 4 | 育苗工艺 | | | |
| 5 | 育苗设备 | | | |
| 6 | 附着基要求 | | | |
| 7 | 检测设备 | | | |
| 8 | 能源使用 | | | |
| 9 | 海水使用 | | | |
| 10 | 饲料使用 | | | |
| 11 | 食品安全水平 | | | |
| 12 | 苗种规格合格率 | | | |
| 13 | 感官要求 | | | |
| 14 | 包装和运输 | | | |
| 15 | 废水排放 | | | |
| 16 | 大气污染物排放 | | | |
| 17 | 死亡苗种处理 | | | |
| 18 | 废弃物回收利用水平 | | | |
| 19 | 环境法律法规标准执行情况 | | | |
| 20 | 环境管理体系制度 | | | |
| 21 | 产业政策执行情况 | | | |
| 22 | 育苗投入品管理 | | | |
| 23 | 生产过程控制管理 | | | |
| 24 | 环境信息公开 | | | |
| 25 | 劳动安全卫生指标 | | | |

对此企业清洁生产的意见和建议：

表 2-2　海参养殖企业清洁生产水平评价

| 序号 | 二级指标 | Ⅰ级基准值 | Ⅱ级基准值 | Ⅲ级基准值 |
|---|---|---|---|---|
| 1 | 养殖场地选址适宜性 | | | |
| 2 | 养殖场地水质 | | | |
| 3 | 养殖场土壤底质 | | | |
| 4 | 养殖工艺 | | | |
| 5 | 养殖设备 | | | |
| 6 | 检测设备 | | | |
| 7 | 苗种质量 | | | |
| 8 | 能源使用 | | | |
| 9 | 海水使用 | | | |
| 10 | 饲料使用 | | | |
| 11 | 食品安全水平 | | | |
| 12 | 感官要求 | | | |
| 13 | 包装和运输 | | | |
| 14 | 养殖尾水排放 | | | |
| 15 | 大气污染物排放 | | | |
| 16 | 废弃物回收利用水平 | | | |
| 17 | 环境法律法规标准执行情况 | | | |
| 18 | 环境管理体系制度 | | | |
| 19 | 产业政策执行情况 | | | |
| 20 | 养殖投入品管理 | | | |
| 21 | 生产过程控制管理 | | | |
| 22 | 环境信息公开 | | | |
| 23 | 劳动安全卫生指标 | | | |

对此企业清洁生产的意见和建议：

表 2 - 3　海参加工企业清洁生产水平评价

| 序号 | 二级指标 | Ⅰ级基准值 | Ⅱ级基准值 | Ⅲ级基准值 |
|---|---|---|---|---|
| 1 | 厂区设置 | | | |
| 2 | 加工工艺 | | | |
| 3 | 加工设备 | | | |
| 4 | 检验设备 | | | |
| 5 | 鲜海参质量 | | | |
| 6 | 食盐质量 | | | |
| 7 | 水资源使用 | | | |
| 8 | 能源使用 | | | |
| 9 | 蛋白含量 | | | |
| 10 | 食盐含量（以 NaCl 计） | | | |
| 11 | 含水量 | | | |
| 12 | 食品安全水平 | | | |
| 13 | 感官要求 | | | |
| 14 | 包装和运输 | | | |
| 15 | 废水排放 | | | |
| 16 | 大气污染物排放 | | | |
| 17 | 废弃物资源利用水平 | | | |
| 18 | 环境法律法规标准执行情况 | | | |
| 19 | 环境管理体系制度 | | | |
| 20 | 产业政策执行情况 | | | |
| 21 | 化学品管理 | | | |
| 22 | 生产过程控制管理 | | | |
| 23 | 环境信息公开 | | | |
| 24 | 劳动安全卫生指标 | | | |

对此企业清洁生产的意见和建议：

**图书在版编目（CIP）数据**

海参行业清洁生产评价研究与应用实践／侯昊晨等
著. -- 北京：中国农业出版社，2025. 6. -- ISBN 978-
7-109-33400-7

Ⅰ. F326.43；S968.9

中国国家版本馆 CIP 数据核字第 2025MW6601 号

海参行业清洁生产评价研究与应用实践

HAISHEN HANGYE QINGJIE SHENGCHAN PINGJIA
YANJIU YU YINGYONG SHIJIAN

中国农业出版社出版

地址：北京市朝阳区麦子店街 18 号楼

邮编：100125

责任编辑：肖 邦 王金环

版式设计：王 晨 责任校对：吴丽婷

印刷：北京通州皇家印刷厂

版次：2025 年 6 月第 1 版

印次：2025 年 6 月北京第 1 次印刷

发行：新华书店北京发行所

开本：700mm×1000mm 1/16

印张：10

字数：153 千字

定价：80.00 元